新型农民现代农业技术与技能培训丛书

农村沼气工培训教材

主　编
张衍林
副主编
邱　凌
编著者
张衍林　邱凌　李善军　艾　平

金盾出版社

内 容 提 要

本书是“新型农民现代农业技术与技能培训丛书”的一个分册，由华中农业大学张衍林教授等编著。内容包括：农村沼气工岗位职责与素质要求及须具备的沼气知识，沼气用具及设备基础知识，农村沼气池的类型与建造，沼气池及其设备的故障排除，沼气与沼肥综合利用。本书通俗易懂，图文结合，科学性、先进性、可操作性强，可作为农村沼气工培训的教材，亦可供广大农村沼气技术人员学习参考。

图书在版编目(CIP)数据

农村沼气工培训教材/张衍林主编．—北京：金盾出版社，2008.6
(新型农民现代农业技术与技能培训丛书)
ISBN 978-7-5082-5122-6

Ⅰ.农…　Ⅱ.张…　Ⅲ.农村-甲烷-综合利用-技术培训-教材
Ⅳ.S216.4

中国版本图书馆 CIP 数据核字(2008)第 070787 号

金盾出版社出版、总发行
北京太平路 5 号(地铁万寿路站往南)
邮政编码：100036　电话：68214039　83219215
传真：68276683　网址：www.jdcbs.cn
封面印刷：北京印刷一厂
正文印刷：北京蓝迪彩色印务有限公司
装订：北京蓝迪彩色印务有限公司
各地新华书店经销

开本：850×1168 1/32　印张：5.25　字数：122 千字
2010 年 8 月第 1 版第 4 次印刷
印数：28001—38000 册　定价：10.00 元

新型农民现代农业技术与技能培训丛书

序　言

中共中央、国务院[2007]1号文件明确指出，加强“三农”工作，积极发展现代农业，扎实推进社会主义新农村建设，是全面落实科学发展观、构建社会主义和谐社会的必然要求，是加快社会主义现代化建设的重大任务。

我国农业人口众多，发展现代农业、建设社会主义新农村，是一项伟大而艰巨的综合工程，不仅需要深化农村综合改革、加快建立投入保障机制、加强农业基础建设、加大科技支撑力度、健全现代农业产业体系和农村市场体系，而且必须注重培养新型农民，造就建设现代农业的人才队伍。

胡锦涛总书记在党的十七大报告中进一步指出，要培育有文化、懂技术、会经营的新型农民，发挥亿万农民建设新农村的主体作用。

新型农民是一支数以亿计的现代农业劳动大军，这支队伍的建立和壮大，只靠学校培养是远远不够的，主要应通过对广大青壮年农民进行现代农业技术与技能的培训来实现。金盾出版社在对农业岗位培训进行广泛调研的基础上，与中国农业大学老科技工作者协会、华中农业大学老教授协会等单位共同策划，约请数百名农业专家、学者参加，组织编写了“新型农民现代农业技术与技能培训丛书”(以下简称“丛书”)。“丛书”坚持从现阶段我国青壮年农民的文化技术水平出发，突出现代农业技术与技能的传授，注重其先进性和实用性；“丛书”以教材形式编写，共有88个分册，涉及81个农业岗位，除水稻农艺工、蔬菜园艺工、蔬菜植保员、果树植保员分南方本和北方本外，其他均为一个岗位一本培训教材，以方便县(市)、乡(镇)、村组织新型农民培训和农业企业进行岗位培训时选用。“丛书”的组编和出版，还得到了河北农业大学、沈阳农业大学、西北农林科技大学、甘肃农业大学、北京农学院、山东畜牧兽医职业技术学院、大连民族学院、中国农业科学院茶叶研究所、中国农业科学院油料研究所、中国农业科学院郑州果树研究所、中国农业科学院特产研究所、中国农业科学院桑蚕研究所、中国养蜂学会、内蒙古自治区农牧科学院、甘肃省蔬菜研究所、山东省果树研究所、广西壮族自治区柑桔研究所、山西省畜牧兽医研究所等单位部分专家、教授的支持和参与，并列入劳动和社会保障部《全国职业培训与技能鉴定用书目录》，进行推荐，使我们深感欣慰，在此表示衷心感谢。我们希望和相信，通过“丛书”的出版发行，能为新型农民队伍的发展壮大贡献一份力量，也能为现代农业技术与技能培训积累一些可供借鉴的经验。

“丛书”编写时间有限，各分册存在不足或错漏在所难免，恳请同仁和各使用单位批评指正。

编 委 会

2008 年 1 月

前　言

我国农村沼气建设的成效显著，充分显示了沼气建设的能源效益、卫生效益、环境效益、生态效益和社会效益，尤其是以沼气为纽带的沼气综合利用技术有效地促进了农业的可持续发展，在新农村建设、农民脱贫致富、为农民增收等方面发挥了重要的作用。

到目前为止，全国已建有 2 000 多万口农村家用沼气池。沼气建设已从单一的能源效益，发展到以沼气为纽带，集种植业、养殖业以及农副产品加工业为一体的生态农业模式，在更大范围内为农业生产和农业生态环境及新农村建设展示了沼气的魅力。

在发展农村沼气、建设生态家园的过程中，由科技人员的技术创新与广大农民丰富实践经验相结合，创造了经典的南方“猪-沼-果（或菜、鱼、茶、花等）”能源生态模式、北方“四位一体”能源生态模式和西北“五配套”能源生态模式，这些模式将植物生产、动物转化、微生物还原的生态原理运用到农业生产中，促进了经济、社会、生态、环境的协调发展，促进了农业的可持续发展和新农村建设。

农村生产沼气是帮助农民脱贫致富的一项有效措施。总结多年来的沼气建设经验，从解决农民燃料入手，建设农村沼气池，用沼气连接养殖业和种植业，为种植业提供优质有机肥料，生产出优质绿色农产品；为养殖业提供优质的饲料，降低养殖的成本，使农民增产、增收，从而为农民脱贫致富增加了一条途径。沼气建设使农村能源得到缓解，在农民脱贫致富的同时，减轻了对森林资源的压力，保护了林草植被，持续下去会大大改善农业生态环境。

本书以户用沼气生产工为对象，以职业活动为导向，以职业技能为核心，以模块式的学习方法，共分 6 章简明扼要地介绍了完成职业活动中每一项工作任务或具体操作的方法、程序、步骤等，通俗易懂，实用性强，是农村户用沼气建设的初级工、中级工的培训教材和自学读本。通过本书的学习和技能实践，可以达到沼气生产工初、中等级，提高从业的专业技术和能力。

限于笔者水平和实践的局限性，书中不足之处敬请广大读者和专家提出宝贵意见。

编著者

2008年1月

目　录

第一章　农村沼气工的岗位职责与素质要求

一、农村沼气工的岗位职责

农村沼气工的岗位职责主要是，为新农村建设户用沼气池及其沼气、沼液和沼渣的利用服务，要求能承担和完成如下工作：① 生态家园的整体规划与设计工作。②户用沼气池的建设工作。③沼气输送管道及配套设备安装工作。④沼气池及其配套设备的维修与维护。⑤沼气、沼液和沼渣的利用工作。

二、农村沼气工的素质要求

(一)职业道德

农村沼气工的职业道德应做到以下几点：①遵纪守法，做文明施工典范。②爱岗敬业，保持强烈的职业责任感。③诚实守信，尽职尽责，保证建设质量。④团结协作，精于业务，提高从业综合素质。⑤勤劳节俭，乐于吃苦，甘于奉献。⑥加强安全施工意识，严格执行操作规程。

(二)专业素质

农村沼气工应具备沼气池建设及利用的基础知识和操作技能。

1. 基础知识　①沼气的发酵知识。②沼气的安全使用知识。③建筑及建筑材料知识。④生态农业和可再生能源知识及法规。

2. 基本技能 ①掌握户用沼气池的国际图集及技术操作规程。②能进行混凝土施工及抹灰操作。③掌握户用沼气池及其配套设施的维护与维修技术。④掌握沼气综合利用技术。

三、农村沼气工劳动定额与技术考核指标

劳动定额是指在一定的生产和技术条件下，生产单位产品或完成一定工作量应该消耗的劳动量（一般用劳动或工作时间来表示）标准或在单位时间内生产产品或完成工作量的标准。

（一）劳动定额

农村沼气工必须经过培训鉴定持证上岗，完成相应的劳动定额，获取劳动报酬。户用沼气池建设劳动定额为：建设6～10立方米沼气池技术工用工5～7日，管道安装1工日，启动0.5工日。

（二）技术考核指标

农村沼气工所建沼气池应符合如下技术考核指标：①沼气池试压验收合格（不漏气、不漏水）。②管道安装检验不漏气。③沼气池地面的三口周边及盖板规范整齐。④管道安装规范、整齐、美观。⑤掌握新建沼气池发酵启动技术。⑥掌握管道漏气检查方法。⑦掌握沼气灶具、灯具维修技术。⑧掌握沼液、沼渣的综合利用技术。

第二章　农村沼气工须具备的沼气知识

一、什么是生态家园

生态家园富民计划是以沼气为纽带，整合利用可再生能源技术和高效生态农业技术，建设以农村户用沼气为纽带的各类能源生态模式工程；同时，根据实际需要，配套建设太阳能利用工程、省柴节煤工程和小型水电工程。从农民最基本的生产、生活单元内部着手，引导农民改变落后的生产、生活方式，使土地、太阳能和生物能资源得到更有效的利用，形成农业基本生产、生活单元内部能流和物流的良性循环。以增加农民收入为目的，同时达到提高农民生活质量、发展生态农业、生产无公害农产品的效果，实现家居温暖清洁化、庭院经济高效化和农业生产无害化的目标。

二、生态家园典型模式

各地在生态家园建设中，研究、探索出南方“猪-沼-果”、北方“四位一体”和西北“五配套”等多种以沼气为核心的生态家园典型模式，并大面积示范推广。这些模式将农村沼气、庭院经济与生态农业紧密地结合起来，变革了农村传统的生产、生活方式和思想观念，实现了农业废弃物资源化、农业生产高效化、农村环境清洁化和农民生活文明化，取得了显著的经济、生态和社会效益。农民称这些模式是“绿色小工厂”、“致富大车间”，纷纷靠模式“盖新房、娶新娘、奔小康”。

(一)南方"猪-沼-果"能源生态模式

南方"猪-沼-果"能源生态模式是以农户为基本单元,利用房前屋后的山地、水面、庭院等场地主要建设畜禽舍、沼气池、果园等几部分;同时,使沼气池建设与畜禽舍和厕所三结合,形成养殖-沼气-种植庭院经济格局(图 2-1),促进生态良性循环,增加农民收入。

图 2-1 养殖-沼气-种植庭院经济模式结构示意图

该模式的基本要素是"户建一口池,户均年出栏四头猪,人均种好一亩果"。基本运作方式是:沼气用于农户日常做饭点灯,沼肥用于果树或其他农作物,沼渣、沼液也有用于鱼塘养鱼或作为饲料添加剂喂养生猪,果园套种蔬菜和饲料作物,满足庭院畜禽养殖饲料需求。

该模式围绕农业主导产业,因地制宜开展沼液、沼渣综合利用。除养猪外,还包括养牛、养羊、养鸡等庭院养殖业;除与果业结合外,还与粮食、蔬菜、经济作物等相结合,构成"猪-沼-果"、"猪-沼-菜"、"猪-沼-鱼"、"猪-沼-稻"等衍生模式。南方"猪-沼-果"能源生态模式运行如图 2-2 所示。

(二)北方"四位一体"能源生态模式

1. 北方"四位一体"模式的原理 北方"四位一体"能源生态模式是在农户庭院内或房前屋后建日光温室,在温室的一端地下建沼气池，沼气池上建猪圈和厕所，温室内种植蔬菜或水果（图 2-3）。该模式是以太阳能为能源，以沼气为纽带，种植业和养殖业相结合，形成生态良性循环，增加农民收入的模式。

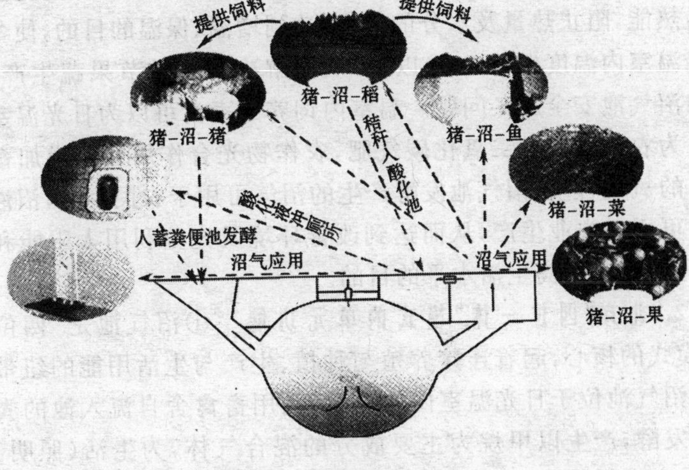

图 2-2　南方“猪-沼-果”能源生态模式运行示意图

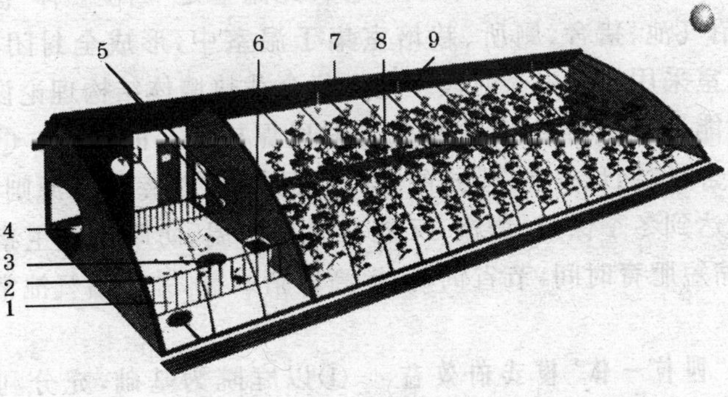

图 2-3　北方“四位一体”能源生态模式结构示意图

1. 猪圈　2. 进料口　3. 沼气池　4. 厕所
5. 通气孔　6. 出料口　7. 日光温室　8. 菜地　9. 沼气灯

该模式以200～600平方米的日光温室为基本生产单元，在温室内部西侧、东侧或北侧建一座20平方米的太阳能畜禽舍和一个2平方米的厕所，畜禽舍下部建一个6～10立方米的沼气池，利用塑料薄膜的透光和阻散性能及复合保温墙体结构，将日光能转化为热能，阻止热量及水分的散发，达到增温、保温的目的，使冬季日光温室内温度保持10℃以上，从而解决了反季节果蔬生产、畜禽和沼气池安全越冬问题。温室内饲养的畜禽可以为日光温室增温并为农作物提供二氧化碳气肥，农作物光合作用又能增加畜禽舍内的氧气含量；沼气池发酵产生的沼气可用于农民生活，沼液和沼渣可用于农业生产，从而达到改善环境及充分利用太阳能和沼气促进生产、提高生活水平的目的。

2. 北方"四位一体"模式的单元功能 ①沼气池是"四位一体"模式的核心，起着连接养殖与种植、生产与生活用能的纽带作用。沼气池位于日光温室内的一端，利用畜禽舍自流入池的粪尿厌氧发酵，产生以甲烷为主要成分的混合气体，为生活（照明、炊事）和生产提供能源。同时，沼气发酵的残余物为蔬菜、果品和花卉等生长发育提供优质有机肥。②日光温室是"四位一体"模式的主体，沼气池、猪舍、厕所、栽培室集于温室中，形成全封闭状态。日光温室采用合理采光时段理论和复合载热墙体结构理论设计的新型节能型日光温室，其合理采光时段保持4小时以上。③太阳能畜禽舍是"四位一体"模式的基础，根据日光温室设计原则设计，使其既达到冬季保温、增温，又能在夏季降温、防晒。使生猪全年生长，缩短肥育时间，节省饲料，提高养猪效益，并使沼气池常年产气利用。

3. "四位一体"模式的效益 ①以庭院为基础，充分利用空间，形成地下、地上、空中立体生产，提高了土地利用率。②高度利用时间，生产不受季节、气候限制，改变了北方一季有余、两季不足的局面，使冬季农闲变农忙。③高度利用劳动力资源。北方模式是以自家庭院为生产基地，家庭妇女、闲散劳力、男女老少都可从事生产。④缩短养殖、种植时间，提高养殖业和种植业经济效益。一般每户每年可养猪20头，种蔬菜150平方米，年纯收入5000元左右。⑤为城乡人民提供充足的鲜肉和鲜菜，繁荣了市场，发展了经济。

三、沼气的概念与特性

(一)什么是沼气

在日常生活中，特别是在气温较高的夏秋季节，人们经常可以看到，从死水塘、污水沟、贮粪池中，咕嘟咕嘟地向表面冒出许多小气泡，如果把这些小气泡收集起来，用火去点，便可产生蓝色的火苗，这种可以燃烧的气体就是沼气。由于它最初是从沼泽中发现的(图2-4)，所以叫做沼气。沼气又是有机物质在厌氧条件下产生出来的气体，因此又称为生物气。

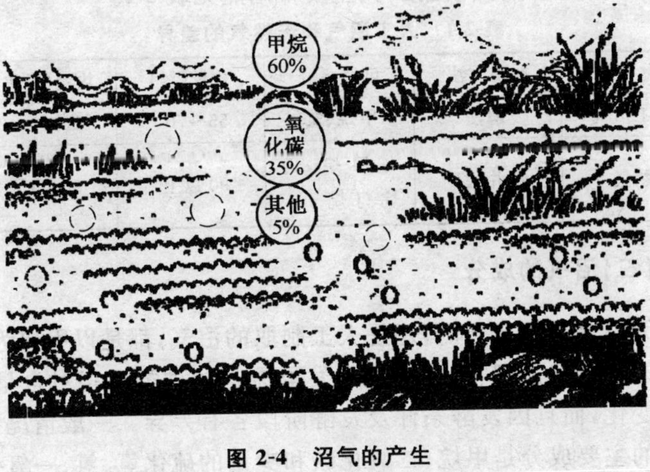

图2-4　沼气的产生

沼气实质上是人、畜粪尿、生活污水和植物茎叶等有机物质在一定的水分、温度和厌氧条件下，经沼气微生物的发酵转换而成的一种方便、清洁、优质、高品位的气体燃料，可以直接用于炊事和照明，也可以供热、烘干、贮粮。沼气发酵剩余物是一种高效有机肥料和养殖辅助营养料，与农业主导产业相结合，进行综合利用，可产生显著的综合效益。

(二)沼气的类型

沼气发酵是自然界中普遍而典型的物质循环过程，按其来源不同，可分为天然沼气和人工沼气两大类。天然沼气是在没有人工干预的情况下，由于特殊的自然环境条件而形成的。除广泛存在于粪坑、阴沟、池塘等自然界厌氧生态系统外，地层深处的古代有机体在逐渐形成石油的过程中，也产生一种性质近似于沼气的可燃性气体，叫做“天然气”。人类在分析掌握了自然界产生沼气的规律后，便有意识地模仿自然环境建造沼气池，将各种有机物质作为原料，用人工的方法制取沼气，这就是“人工沼气”。人工沼气的性质近似于天然气，但也有不同之处，其主要不同点见表 2-1。

表 2-1　人工沼气和天然气的差异

气体种类	获得方法	可燃成分	含量(%)	热量(千焦/米^3)
人工沼气	发酵法	甲烷、氢气	55～70	20000～29000
天然气	钻井法	甲烷、丙烷、丁烷	90 以上	36000 左右

(三)沼气的成分

无论是天然产生的，还是人工制取的沼气，都是以甲烷为主要成分的混合气体，其成分不仅随发酵原料的种类及相对含量不同而有变化，而且因发酵条件及发酵阶段各有差异。一般情况下，沼气中的主要成分是甲烷、二氧化碳和少量的硫化氢、氢、一氧化碳、氮等气体。其中甲烷占 50%～70%、二氧化碳占 30%～40%，其他成分含量极少。沼气中的甲烷、氢气、一氧化碳等是可以燃烧的气体，人类主要利用这一部分气体的燃烧来获得能量。

(四)沼气的性质

沼气是一种无色气体，由于它常含有微量的硫化氢气体，所以脱除硫化氢前，有轻微的臭鸡蛋味，燃烧后，臭鸡蛋味消除。沼气的主要成分是甲烷，它的理化性质也近似于甲烷，见表 2-2。

表 2-2　甲烷与沼气的主要理化性质

理化特点	甲　烷	标准沼气（甲烷 60%，二氧化碳＜40%）
体积百分比(%)	54～80	100
热量(千焦/米^3)	35820	21520
密度(克/升标准状态)	0.27	1.22
比重(与空气相比)	0.55	0.94
临界温度(℃)	－8.25	－25.7～－48.42
临界压力(×10^5 帕)	46.4	59.35～53.93
爆炸范围(与空气混合的体积百分比%)	5～15	8.8～24.4
气　味	无	微臭

1. 热量　甲烷是一种发热量相当高的优质气体燃料。1 立方米纯甲烷，在标准状况下完全燃烧，可放出 35 820 千焦的热量，最高温度可达 1 400℃；沼气中因含有其他气体，发热量稍低一点，为 20 000～29 000 千焦，最高温度可达 1 200℃。因此，在人工制取沼气中，应创造适宜的发酵条件，以提高沼气中甲烷的含量。

2. 比重　与空气相比，甲烷的比重为 0.55，标准沼气的比重为0.94。所以，在沼气池气室中，沼气较轻，分布在上层；二氧化碳较重，分布于下层。沼气比空气轻，在空气中容易扩散，扩散速度比空气快3倍。当空气中甲烷的含量达25%～30%时，对人、畜有一定的麻醉作用。

3. 溶解度 甲烷在水中的溶解度很小，在20℃、1个大气压下，100单位体积的水只能溶解3个单位体积的甲烷，这就是沼气不但在淹水条件下生成、还可用排水法收集的原因。

4. 临界温度 将气体从气态变成液态时，所需要的温度和压力称为临界温度和临界压力。标准沼气的平均临界温度为－37℃，平均临界压力为56.64×10^{5}帕（即56.64个大气压力）。这说明沼气液化的条件是相当苛刻的，也是沼气只能以管道输气，不能液化装罐作为商品能源交易的原因。

5. 分子结构与大小 甲烷的分子结构是1个碳原子和4个氢原子构成的等边三角四面体，分子量为16.04。其分子直径为3.76×10^{-10}米，约为水泥砂浆孔隙的1/4，这是研制复合涂料、提高沼气池密封性的重要依据。

6. 燃烧特性 甲烷是一种优质气体燃料，1个体积的甲烷需要2个体积的氧气才能完全燃烧。氧气约占空气的1/5，而沼气中甲烷含量为60%～70%，所以1个体积的沼气需要6～7个体积的空气才能充分燃烧。这是研制沼气用具和正确使用灶具的重要依据。

7. 爆炸极限 在常压下，标准沼气与空气混合的爆炸极限是8.8%～24.4%；沼气与空气按1∶10的比例混合，在封闭条件下，遇到火会迅速燃烧、膨胀，产生很大的推动力。因此，沼气除了可以用于炊事、照明外，还可以用作动力燃料。

了解和熟悉沼气的上述主要理化性质，对于制取和利用沼气很有必要。

四、沼气发酵的基本原理

沼气发酵又称为厌氧消化、厌氧发酵和甲烷发酵，是指有机物质(如人、畜家禽粪便及秸秆、杂草等)在一定的水分、温度和厌氧条件下，通过种类繁多、数量巨大且功能不同的各类微生物的分解代谢，最终形成甲烷和二氧化碳等混合性气体(沼气)的复杂的生物化学过程。

(一)沼气发酵微生物

沼气发酵微生物是人工制取沼气最重要的因素，只有有了大量的沼气微生物，并使各种类群的微生物得到基本的生长条件，沼气发酵原料才能在微生物的作用下转化为沼气。

1. 沼气微生物的种类　沼气发酵是一种极其复杂的微生物和化学过程，这一过程的发生和发展是五大类群微生物生命活动的结果。它们是：发酵性细菌、产氢产乙酸菌、耗氢产乙酸菌、食氢产甲烷菌和食乙酸产甲烷菌。这些微生物按照各自的营养需要，起着不同的物质转化作用。从复杂有机物的降解，到甲烷的形成，就是由它们分工合作和相互作用而完成的。

在沼气发酵过程中，五大类群细菌构成一条食物链，从各类群细菌的生理代谢产物或它们的活动对发酵液酸碱度(pH)的影响来看，沼气发酵过程可分为产酸阶段和产甲烷阶段。前3类群细菌的活动可使有机物形成各种有机酸，因此将其统称为不产甲烷菌。后2类群细菌的活动可使各种有机酸转化成甲烷，因此将其统称为产甲烷菌。

在沼气发酵过程中，不能直接产生甲烷的微生物统称为不产甲烷菌。不产甲烷菌能将复杂的大分子有机物变成简单的小分子量的物质。它们的种类繁多，现已观察到的包括细菌、真菌和原生动物三大类。以细菌种类最多，目前已知的有18个属51个种，随着研究的深入和分离方法的改进，还在不断发现新的种。根据微生物的呼吸类型可将其分为好氧菌、厌氧菌、兼性厌氧菌3种类型。其中，厌氧菌数量最大，比兼性厌氧菌、好氧菌多100～200倍，是不产甲烷阶段起主要作用的菌类。根据对基质的作用来分，有纤维分解菌、半纤维分解菌、淀粉分解菌、蛋白质分解菌、脂肪分解菌和其他一些特殊的细菌，如产氢菌、产乙酸菌等。

在沼气发酵过程中，能利用小分子化合物形成沼气的微生物统称为产甲烷菌。如果说微生物是沼气发酵的核心，那么产甲烷菌又是沼气发酵微生物的核心。产甲烷菌是一群非常特殊的微生物，它们严格厌氧，对氧和氧化剂非常敏感，适宜在中性或微碱性环境中生存繁殖。它们依靠乙酸、氢和二氧化碳生长，并以废物的形式排出甲烷，是要求生长物质最简单的微生物。

产甲烷菌的种类很多，目前已发现的产甲烷菌有3目、4科、7属和13种，根据它们的细胞形态、大小、有无鞭毛、有无孢子等特征，可分为甲烷杆菌类、甲烷八叠球菌类、甲烷球菌类、甲烷螺旋形菌类(图2-5)。产甲烷菌生长缓慢，繁殖倍增时间一般都比较长，短者3小时左右，长者达4～6天，大约为产酸菌繁殖倍增时间的15倍。由于产甲烷菌繁殖较慢，在发酵启动时，需加入大量甲烷菌种。

产甲烷菌在自然界中广泛分布，如土壤中，湖泊、沼泽中，反刍动物(牛羊等)的胃肠道，淡水或碱水池塘污泥中，下水道污泥、腐烂秸秆堆、牛马粪以及城乡垃圾堆中都有大量的产甲烷菌存在。由于产甲烷菌的分离、培养和保存都有较大的困难，迄今为止，所获得的产甲烷菌的纯种不多。一些菌的培养方法没有过关，所以对产甲烷菌的生理生化特征还不清楚，产甲烷菌的纯种还不能应用于生产，这些直接影响到沼气发酵研究的进展，也是影响沼气池产气率提高不快的重要原因。

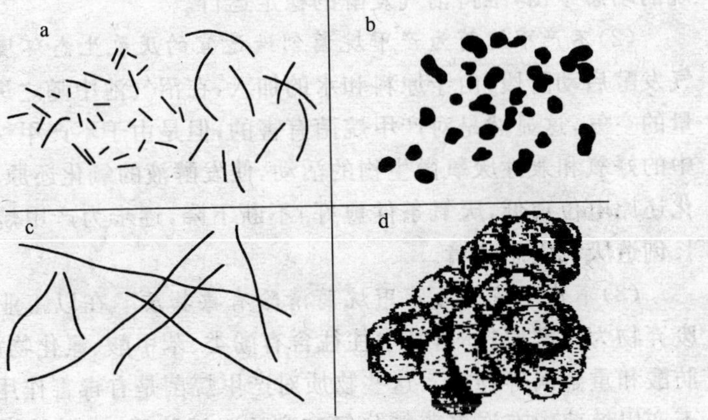

图 2-5 产甲烷菌的形态

a. 甲烷杆菌类 b. 甲烷球菌类

c. 甲烷螺旋形菌类 d. 甲烷八叠球菌类

2. 沼气发酵微生物的作用 在沼气发酵过程中，不产甲烷菌与产甲烷菌相互依赖，互为对方创造维持生命活动所需的物质基础和适宜的环境条件；同时又相互制约，共同完成沼气发酵过程。它们之间的相互关系主要表现在下列几个方面。

(1)不产甲烷菌为产甲烷菌提供营养 沼气原料中的碳水化合物、蛋白质和脂肪等复杂有机物不能直接被产甲烷菌吸收利用，必须通过不产甲烷菌的水解作用，使其形成可溶性的简单化合物，并进一步分解，形成产甲烷菌的发酵基质。这样，不产甲烷菌通过其生命活动为产甲烷菌源源不断地提供合成细胞的基质和能源。另一方面，产甲烷菌连续不断地将不产甲烷菌所产生的乙酸、氢和二氧化碳等发酵基质转化为甲烷，使厌氧消化中不至于有机酸和氢的积累，产甲烷菌也就可以继续正常的生长和代谢。由于不产甲烷菌与产甲烷菌的协同作用，使沼气发酵过程达到产酸和产甲烷的动态平衡，维持沼气发酵的稳定运行。

(2)*不产甲烷菌为产甲烷菌创造适宜的厌氧生态环境* 在沼气发酵启动阶段，由于原料和水的加入，在沼气池中随之进入了大量的空气，这显然是对产甲烷菌有害的，但是由于不产甲烷菌类群中的好氧和兼性厌氧微生物的活动，使发酵液的氧化还原电位(氧化还原电位愈低，厌氧条件愈好)不断下降，逐步为产甲烷菌的生长创造厌氧生态环境。

(3)*不产甲烷菌为产甲烷菌清除有毒物质* 在以工业废水或废弃物为发酵原料时，其中往往含有酚类、苯甲酸、氰化物、长链脂肪酸和重金属等物质。这些物质对产甲烷菌是有毒害作用的。而不产甲烷菌中有许多菌能分解和利用上述物质，这样就可以解除对产甲烷菌的毒害。此外，不产甲烷菌发酵产生的硫化氢可以与重金属离子作用，生成不溶性的金属硫化物而沉淀下来，从而解除了某些重金属的毒害作用。

(4)*不产甲烷菌与产甲烷菌共同维持环境中适宜的酸碱度* 在沼气发酵初期，不产甲烷菌首先降解原料中的淀粉和糖类等，产生大量的有机酸。同时，产生的二氧化碳也部分溶于水，使发酵液的酸碱度下降。但是，由于不产甲烷菌类群中的氨化细菌迅速进行氨化作用，产生的氨可中和部分有机酸。同时，由于产甲烷菌不断利用乙酸、氢和二氧化碳形成甲烷，而使发酵液中有机酸和二氧化碳的浓度逐步下降。通过 2 类群细菌的共同作用，就可以使 pH 稳定在一个适宜的范围。因此，在正常发酵的沼气池中，pH 始终能维持在适宜的状态而不用人为控制。

3. 沼气发酵微生物的特点 理论和实践证明，沼气发酵过程实质上是多种类群微生物的物质代谢和能量代谢过程。在此过程中，沼气发酵微生物是核心，其发酵工艺过程及工艺条件的控制都以沼气发酵微生物学为理论指导。具有以下特点。

(1)*分布广，种类多* 上至 1.2 万米的高空，下至 2 千米的地层深处都有微生物的踪迹。目前，已被人们研究过的微生物有3万～4万种之多。沼气微生物在自然界中分布也很广，特别是在沼泽、粪池、污水池以及阴沟污泥中存在有各种各样的沼气发酵微生物，种类达200～300种，它们是可利用的沼气发酵菌种的源泉。

(2)繁殖快，代谢强　在适宜条件下，微生物有很高的繁殖速度。产酸菌在生长旺盛时，20分钟或更短的时间内就可以繁殖1代，产甲烷菌繁殖速度较慢，约为产酸菌的1/15。微生物所以能够出现这样高的繁殖速度，主要因为它们具有极大的表面积和体积比值。例如，直径为1微米的球菌，其面积和体积的比值为6万，而人的这种比值却不到1。所以，它能够以极快的速度与外界环境发生物质交换，使之具有很强的代谢能力。

(3)适应性强，容易培养　与高等生物相比，多数微生物适应性较强，并且容易培养。在自然条件下，成群体状态生长的微生物更是如此。例如，沼气池里的微生物(主要是厌氧和兼性厌氧两大菌群)在10℃～60℃条件下，都可以利用多种多样的复杂有机物进行沼气发酵。有时经过驯化培养后的微生物可以加快这种反应，从而更有效地达到生产能源和保护环境的目的。

(二)沼气发酵过程

沼气发酵过程，实质上是微生物的物质代谢和能量转换过程，在分解代谢过程中沼气微生物获得能量和物质，以满足自身生长繁殖，同时大部分物质转化为甲烷和二氧化碳。这样各种各样的有机物质不断地被分解代谢，就构成了自然界物质和能量循环的重要环节。科学测定分析表明：有机物约有90%被转化为沼气，10%被沼气微生物用于自身的消耗。所以说，发酵原料生成沼气是通过一系列复杂的生物化学反应来实现的。一般认为这个过程大体上分为水解发酵、产酸和产甲烷3个阶段。

1. 水解发酵阶段　各种固体有机物通常不能进入微生物体内

被微生物利用，必须在好氧和厌氧微生物分泌的胞外酶、表面酶（纤维素酶、蛋白酶、脂肪酶）的作用下，将固体有机质水解成分子量较小的可溶性单糖、氨基酸、甘油、脂肪酸。这些分子量较小的可溶性物质就可以进入微生物细胞之内被进一步分解利用（图 2-6）。

纤维素、蛋白质、脂肪 } 复杂化合物 —纤维素酶、蛋白酶、脂肪酶→ { 双糖或单糖、多肽和氨基酸、脂肪酸和甘油

图 2-6　水解发酵阶段示意图

2. 产酸阶段　各种可溶性物质（单糖、氨基酸、脂肪酸），在纤维素细菌、蛋白质细菌、脂肪细菌、果胶细菌、胞内酶作用下继续分解转化成低分子物质，如丁酸、丙酸、乙酸以及醇、酮、醛等简单有机物质。同时，也有部分氢、二氧化碳和氨等无机物的释放。但在这个阶段中，主要的产物是乙酸，约占 70%（图 2-7）。

单糖、氨基酸、脂肪酸 } 可溶性物质 —产酸菌→ { 乙酸、丙酸＋二氧化碳＋氧气、醇类

图 2-7　产酸阶段示意图

上述 2 个阶段是一个连续过程，通常称之为不产甲烷阶段，它是复杂的有机物转化成沼气的先决条件。

3. 产甲烷阶段　由产甲烷菌将第二阶段分解出来的乙酸等简单有机物分解成甲烷和二氧化碳，其中部分二氧化碳在氢气的作用下还原成甲烷。这一阶段叫产气阶段，或叫产甲烷阶段（图 2-8）。

$$\left.\begin{array}{l}\text{乙酸}\\\text{丙酸}\\\text{醇类}\end{array}\right\}\text{简单化合物}\xrightarrow{\text{甲烷菌}}\text{甲烷}+\text{二氧化碳}$$

图 2-8　产甲烷阶段示意图

综上所述，有机物变成沼气的过程，好比工厂里生产一种产品的 3 道工序，1～2 道工序是分解细菌将复杂有机物加工成半成品——结构简单的化合物，第三道工序是在甲烷菌的作用下，将半成品加工成产品即生成沼气。

五、沼气发酵基本条件

人们在观察了沼气气泡从沼泽、池塘水面以下的污泥中和粪坑的底部冒出的现象以后，受到启示，认识到丰富的有机物质在隔绝空气和保持一定水分、温度的条件下，便能生成沼气。于是在实验室里，对沼气的产生过程进行了深入研究，逐步弄清了人工制取沼气的工艺条件。那么，满足哪些条件，才能制取质优、量多的沼气呢？

(一)发酵原料的适宜碳氮比

沼气发酵原料是沼气微生物赖以生存的物质基础，也是沼气微生物进行生命活动和产生沼气的营养物质。沼气发酵原料按其物理形态分为固态原料和液态原料 2 类；按其营养成分又有富氮原料和富碳原料之分；按其来源分为农村沼气发酵原料、城镇沼气发酵原料和水生植物 3 种。富氮原料通常指富含氮元素的人、畜和家禽粪便，这类原料经过了人和动物胃肠系统的充分消化，一般颗粒细小，含有大量低分子化合物——人和动物未吸收消化的中间产物，含水量较高。因此，在进行沼气发酵时，它们进行短期预处理，就可以厌氧分解，产气很快，发酵期较短。

富碳原料通常指富含碳元素的秸秆和秕壳等农作物的残余物，这类原料富含纤维素、半纤维素、果胶及难降解的木质素和植物蜡质。干物质含量比富氮的粪便原料高，且质地疏松，比重小，进沼气池后容易漂浮形成发酵死区——浮壳层，发酵前一般需经预处理。富碳原料厌氧分解比富氮原料慢，产气周期较长。

氮素是构成沼气微生物躯体细胞质的重要原料，碳素不仅构成微生物细胞质，而且提供生命活动的能量。发酵原料的碳氮比不同，其发酵产气情况差异也很大。从营养学和代谢作用角度看，沼气发酵细菌消耗碳的速度比消耗氮的速度要快25～30倍。因此，在其他条件都具备的情况下，碳氮比例配成25～30∶1可以使沼气发酵在合适的速度下进行。如果比例失调，就会使产气和微生物的生命活动受到影响。因此，制取沼气不仅要有充足的原料（表2-3，表2-4），还应注意各种发酵原料碳氮比的合理搭配。农村常用沼气发酵原料的碳氮比、体积与质量换算关系列于表2-5和表2-6，供使用中参考。

表2-3　沼气池容积与畜禽饲养量的关系

项　目	单　位	成　猪	成　牛	成　羊	成　鸡
日排粪量	千克	3.0	15.0	1.5	0.1
总固体	%	18.0	17.0	75	30.0
6立方米沼气池	头、只	5	1	20	167
8立方米沼气池	头、只	7	2	28	222
10立方米沼气池	头、只	8	3	32	278

表 2-4　生产 1 立方米沼气的原料用量

发酵原料	含水率(%)	沼气生产转换率(米³/千克)	生产 1 立方米的原料用量(千克)	
			干　重	鲜　重
猪粪	82	0.25	4.00	13.85
牛粪	83	0.19	5.26	26.21
鸡粪	70	0.25	4.00	13.85
人粪	80	0.30	3.33	16.65
稻草	15	0.26	3.84	4.44
麦秸	15	0.27	3.70	4.33
玉米秸	18	0.29	3.45	4.07
水葫芦	93	0.31	3.22	45.57
水花生	90	0.29	3.45	34.40

表 2-5　农村常用沼气原料的碳氮比

原料名称	碳素占原料比例(%)	氮素占原料比例(%)	碳氮比例
鲜牛粪	7.30	0.29	25∶1
鲜马粪	10.0	0.42	24∶1
鲜猪粪	7.80	0.60	13∶1
鲜羊粪	16.0	0.55	29∶1
鲜人粪	2.50	0.85	2.9∶1
鸡　粪	25.5	1.63	15.6∶1
干麦秸	46.0	0.53	87∶1
干稻草	42.0	0.63	67∶1
玉米秸	40.0	0.75	53∶1
树　叶	41.0	1.00	41∶1
青　草	14.0	0.54	26∶1

表 2-6 原料体积与质量的换算

原　料	1 立方米原料的质量(吨)	1 吨原料的体积(米³)	备　注
鲜牛粪	0.70	1.43	新堆原料
鲜马粪	0.40	2.5	
鲜猪粪	0.51	1.96	
鲜禽粪	0.30	3.33	
羊圈粪	0.67	1.49	
旧沼渣	1.00	1.00	
堆沤秸秆	0.35	2.85	
混合干草	0.055	18.18	
小麦秸	0.038	26.32	
大麦秸	0.048	20.83	

(二)优质足量的菌种

沼气发酵微生物是人工制取沼气的内因条件,一切外因条件都是通过这个基本的内因条件才能起作用。因此,沼气发酵的前提条件就是要接入含有大量这种微生物的接种物,或者说含量丰富的菌种。

沼气发酵微生物都是从自然界来的,而沼气发酵的核心微生物菌落是产甲烷菌群,一切具备厌氧条件和含有有机物的地方都可以找到它们的踪迹。它们的生存场所,或者说人们采集接种物的来源主要有如下几处:沼气池、湖泊、沼泽、池塘底部;阴沟污泥之中;积水粪坑之中;动物粪便及其肠道之中;屠宰场、酿造厂、豆制品厂、副食品加工厂等阴沟之中及人工厌氧消化装置之中。

给新建的沼气池加入丰富的沼气微生物群落,目的是为了很快地启动发酵，而后又使其在新的条件下繁殖增生，不断富集，以保证大量产气。农村沼气池一般加入接种物的量为总投料量的10%～30%。在其他条件相同的情况下，加大接种量，产气快，气质好，启动不易出现偏差(表2-7)。

表2-7　接种量与产气量的关系

原　料	接种量(克)	沼气量(升)	甲烷含量(%)	产气量(升/克)
人粪50克	10	1.435	48.2	0.029
人粪50克	20	4.805	56.4	0.096
人粪50克	50	10.698	66.3	0.202

(三)严格的厌氧环境

沼气微生物的核心菌群——产甲烷菌是一种厌氧性细菌，对氧气特别敏感，它们在生长、发育、繁殖、代谢等生命活动中都不需要空气，空气中的氧气会使其生命活动受到抑制，甚至死亡。产甲烷菌只能在严格厌氧的环境中才能生长。所以，修建沼气池，要严格密闭，不漏水，不漏气，这不仅是收集沼气和贮存沼气发酵原料的需要，也是保证沼气微生物在厌氧的生态条件下生活得好，使沼气池能正常产气的需要。这就是为什么把漏水、漏气的沼气池称为“病态池”的道理。

(四)适宜的发酵温度

温度是沼气发酵的重要外因条件，温度适宜则细菌繁殖旺盛，活力强，厌氧分解和生成甲烷的速度就快，产气就多(表2-8)。从这个意义上讲，温度是产气好坏的关键。

研究发现，在10℃～60℃的范围内，沼气池均能正常发酵产气。低于10℃或高于60℃都严重抑制微生物生存、繁殖，影响产气。在这一温度范围内，一般温度愈高，微生物活动愈旺盛，产气量愈高(图2-9)。微生物对温度变化十分敏感，温度突升或突降，都会影响微生物的生命活动，使产气状况恶化。

表 2-8　沼气原料在不同温度下的产气率

发酵原料	发酵温度(℃)	沼气产气率[米³/(米³·天)]
猪粪＋稻草	29～31	0.55
猪粪＋稻草	24～26	0.21
猪粪＋稻草	16～20	0.10
猪粪＋稻草	12～15	0.07
猪粪＋稻草	8 以下	微量

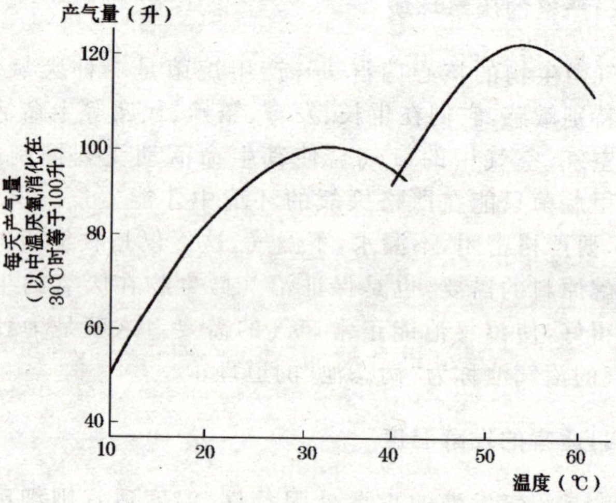

图 2-9　温度对产气率的影响

通常把不同的发酵温度区分为 3 个范围，即把 46℃～60℃称为高温发酵，28℃～38℃称为中温发酵，10℃～26℃称为常温发酵。农村沼气池靠自然温度发酵，属于常温发酵。常温发酵虽然温度范围较广，但在 10℃～26℃范围内，温度越高，产气越好。这就是为什么沼气池在夏季，特别是气温最高的 7 月份产气量大，而在冬季最冷的 1 月份产气很少，甚至不产气的原因，也是农村沼气池在管理上强调冬天必须采取越冬措施，以保证正常产气的原因。

(五)适宜的酸碱度

沼气微生物的生长、繁殖，要求发酵原料的酸碱度保持中性，或者微偏碱性，过酸、过碱都会影响产气。测定表明，pH 在 6～8，均可产气，以 pH 6.5～7.5 产气量最高，pH 在低于 6 或高于 9 时均不产气。

农村户用沼气池发酵初期由于产酸菌的活动，池内产生大量的有机酸，导致 pH 下降。随着发酵持续进行，氨化作用产生的氨中和一部分有机酸，同时甲烷菌的活动，使大量的挥发酸转化为甲烷和二氧化碳，使 pH 逐渐回升到正常值。所以，在正常的发酵过程中，沼气池内的酸碱度变化可以自然进行调节，先由高到低，然后又升高，最后达到恒定的自然平衡(即适宜的 pH)，一般不需要进行人为调节。只有在配料和管理不当，使正常发酵过程受到破坏的情况下，才可能出现有机酸大量积累，发酵料液过于偏酸的现象。此时，可取出部分料液，加入等量的接种物，将积累的有机酸转化为甲烷，或者添加适量的草木灰或石灰澄清液，中和有机酸，使酸碱度恢复到正常。

(六)适宜的发酵浓度

农村沼气池的负荷常用容积有机负荷表示，即单位体积沼气池每天所承受的有机物的数量，化学耗氧量(COD)通常以千克/(米^3·天)为单位。容积负荷是沼气池设计和运行的重要参数，其大小主要由厌氧活性污泥的数量和活性决定的。

农村沼气池的负荷通常用发酵原料浓度来体现，适宜的干物质浓度为4%～10%，即发酵原料含水量为90%～96%。发酵浓度随着温度的变化而变化，夏季一般为6%左右，冬季一般为8%～10%。浓度过高或过低，都不利于沼气发酵。浓度过高，则含水量过少，发酵原料不易分解，并容易积累大量酸性物质，不利于沼气菌的生长繁殖，影响正常产气。浓度过低，则含水量过多，单位容积里的有机物含量相对减少，产气量也会减少，不利于沼气池的充分利用。

(七)有利的搅拌

静态发酵沼气池原料加水混合与接种物一起投进沼气池后，按其比重和自然沉降规律，从上到下将明显地逐步分成浮渣层、清液层、活性层和沉渣层(图2-10)。这样的分层分布，对微生物以及产气是很不利的。导致原料和微生物分布不均，大量的微生物聚集在底层活动，因为此处接种污泥多，厌氧条件好，但原料缺乏，尤其是用富碳的秸秆作原料时，容易漂浮到料液表层，不易被微生物吸收和分解，同时形成的密实结壳，不利于沼气的释放。为了改变这种不利状况，就需要采取搅拌措施，变静态发酵为动态发酵。

沼气池的搅拌通常分为机械搅拌、气体搅拌和液体搅拌3种方式(图2-11)。机械搅拌是通过机械装置运转达到搅拌目的；气体搅拌是将沼气从池底部冲进去，产生较强的气体回流，达到搅拌的目的；液体搅拌是从沼气池的出料间将发酵液抽出，然后从进料管冲入沼气池内，产生较强的液体回流，达到搅拌的目的。农村户用沼气池通常采用强制回流的方法进行人工液体搅拌，即用人工回流搅拌装置或污泥泵将沼气池底部料液抽出，再泵入进料部位，促使池内料液强制循环流动，以提高产气量。此外，可利用沼气池的产气动力，实现沼气发酵装置自动搅拌和持续动态发酵的目的。

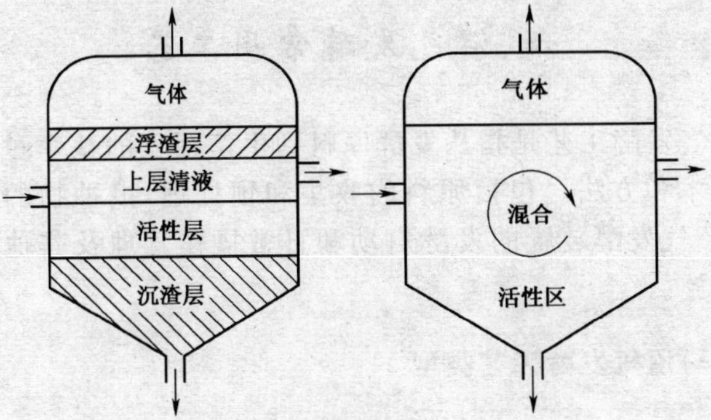

图 2-10　沼气静态发酵和动态发酵状态

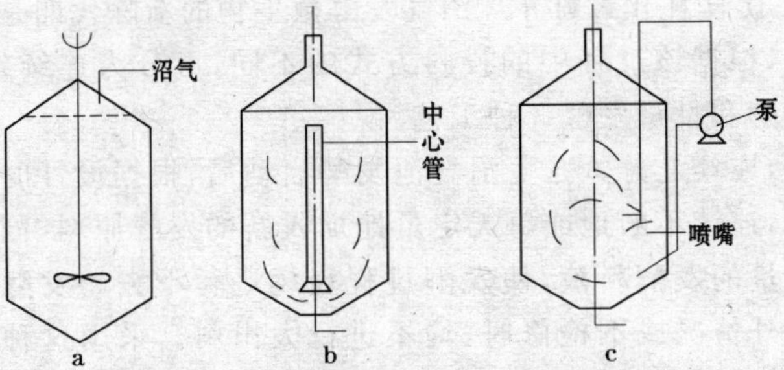

图 2-11　沼气发酵 3 种搅拌方式

a. 机械搅拌　b. 气体搅拌　c. 液体搅拌

实践证明，适当的搅拌方法和强度，可以使发酵原料分布均匀，增强微生物与原料的接触，使之获取营养物质的机会增加，活性增强，生长繁殖旺盛，从而提高产气量。搅拌又可以打碎结壳，提高原料的利用率及能量转换效率，并有利于气泡的释放。采用搅拌后，平均产气量可提高 30%以上。

六、沼气发酵常用工艺

沼气发酵工艺是指从发酵原料到生产沼气的整个过程所采用的技术和方法。包括原料的收集和预处理,接种物的选择和富集,沼气发酵装置的发酵启动和日常操作管理及其他相应的技术措施。

(一)沼气发酵工艺类型

对沼气发酵工艺,从不同角度,有不同的分类方法。一般从投料方式、发酵温度、发酵阶段、发酵级差、发酵浓度、料液流动方式等角度,可做如下分类。

1. 以投料方式划分 沼气发酵微生物的新陈代谢是一个连续过程,根据该过程中的投料方式的不同,可分为连续发酵、半连续发酵和批量发酵3种工艺。

(1)连续发酵工艺 沼气池发酵启动后,根据设计时预定的处理量,连续不断地或每天定量地加入新的发酵原料,同时排走相同数量的发酵料液,使发酵过程连续进行下去。发酵装置不发生意外情况或不检修时,均不进行大出料。采用这种发酵工艺,沼气池内料液的数量和质量基本保持稳定状态,因此产气量也很均衡。

这种发酵工艺的最大优点,可用2个字概括,就是“稳定”。它可以维持比较稳定的发酵条件,可以保持比较稳定的原料消化利用速度,可以维持比较持续稳定的发酵产气。

这种工艺流程是先进的,但发酵装置结构和发酵系统比较复杂,造价也较昂贵,因而适用于大型的沼气发酵工程系统。如大型畜牧场粪污、城市污水和工厂废水净化处理,多采用连续发酵工艺。该工艺要求有充分的物料保证,否则就不能充分有效地发挥发酵装置的负荷能力，也不可能使发酵微生物逐渐完善和长期保存下来。因为连续发酵，不致因大换料等原因而造成沼气池利用率上的浪费，从而使原料消化能力和产气能力大大提高。

(2)半连续发酵工艺　沼气发酵装置初始投料发酵启动一次性投入较多的原料(一般占整个发酵周期投料总固体量的1/4～1/2)，经过一段时间，开始正常发酵产气，随后产气逐渐下降，此时就需每天或定期加入新物料，以维持正常发酵产气，这种工艺就称为半连续沼气发酵。我国农村的沼气池大多属于此种类型。其中的“三结合”沼气池，就是将猪圈、厕所里的粪便随时流入沼气池，在粪便不足的情况下，可定期加入铡碎并堆沤后的作物秸秆等纤维素原料，起到补充碳源的作用。这种工艺的优点是比较容易做到均衡产气和计划用气，能与农业生产用肥紧密结合，适宜处理粪便和秸秆等混合原料。

(3)批量发酵工艺发酵　原料成批量地一次投入沼气池，待其发酵完后，将残留物全部取出，又成批地换上新料，开始第二个发酵周期，如此循环往复。农村小型沼气干发酵装置和处理城市垃圾的“卫生坑填法”均采用这种发酵工艺。这种工艺的优点是投料启动成功后，不再需要进行管理，简单省事，其缺点是产气分布不均衡，高峰期产气量高，其后产气量低，因此所产沼气适用性较差。

2. 以发酵温度划分　沼气发酵的温度范围一般在10℃～60℃，温度对沼气发酵的影响很大，温度升高沼气发酵的产气率也随之提高，通常以沼气发酵温度区分为：高温发酵、中温发酵和常温发酵工艺。

(1)高温发酵工艺　高温发酵工艺指发酵料液温度维持在50℃～60℃，实际控制温度多在53℃±2℃，该工艺的特点是微生物生长活跃，有机物分解速度快，产气率高，滞留时间短。采用高温发酵可以有效地杀灭各种致病菌和寄生虫卵，具有较好的卫生效果，从除害灭病和发酵剩余物肥料利用的角度看，选用高温发酵是较为实用的。但要维持消化器的高温运行，能量消耗较大。一般情况下，在有余热可利用的条件下，可采用高温发酵工艺，如处理经高温工艺流程排放的酒精废醪、柠檬酸废水和轻工食品废水等。

(2)中温发酵工艺　中温发酵工艺指发酵料液温度维持在35℃±2℃的范围，与高温发酵相比，这种工艺消化速度稍慢一些，产气率要低一些，但维持中温发酵的能耗较少，沼气发酵能总体维持在一个较高的水平，产气速度比较快，料液基本不结壳，可保证常年稳定运行。为减少维持发酵装置的能量消耗，工程中常采用近中温发酵工艺，其发酵料液温度为25℃～30℃。这种工艺因料液温度稳定，产气量也比较均衡。总之，与经济发展水平相配套，工程上采取增温保温措施是必要的。

(3)常温发酵工艺　常温发酵工艺指在自然温度下进行的沼气发酵，发酵温度受气温影响而变化，我国农村户用沼气池基本上采用这种工艺。其特点是发酵料液的温度随气温、地温的变化而变化，一般料液温度最高时为25℃，低于10℃以下，产气效果很差。其好处是不需要对发酵料液温度进行控制，节省保温和加热投资，沼气池本身不消耗热量；其缺点是在同样投料条件下，一年四季产气率相差较大。南方农村沼气池建在地下，冬季产气效率虽然较低，但有足够原料的情况下，还可以维持用气量。北方的沼气池则需建在太阳能暖圈或日光温室下，这样可确保沼气池安全越冬，维持正常产气。

3. 以发酵阶段划分　根据沼气发酵分为“水解＋产酸＋产甲烷”3个阶段理论，以沼气发酵不同阶段，可将发酵工艺划分为单相发酵工艺和两相(步)发酵工艺。

(1)单相发酵工艺　将沼气发酵原料投入到一个装置中，使沼气发酵的产酸和产甲烷阶段合二为一，在同一装置中自行调节完成，即“一锅煮”的形式。我国农村全混合沼气发酵装置，大多数采用这一工艺。

(2)两相发酵工艺　两相发酵也称两步发酵，或两步厌氧消化。该工艺是根据沼气发酵3个阶段的理论，把原料的水解、产酸阶段和产甲烷阶段分别安排在两个不同的消化器中进行。水解、产酸池通常采用不密封的全混合式或塞流式发酵装置，产甲烷池则采用高效厌氧消化装置，如污泥床、厌氧过滤等。从沼气微生物的生长和代谢规律以及对环境条件的要求等方面看，产酸细菌和产甲烷细菌有着很大差别。因而为它们创造各自需要的最佳繁殖条件和生活环境，促使其优势生长，迅速的繁殖，将消化器分开来，是非常适宜的。这既有利于环境条件的控制和调整，也有利于人工驯化、培养优异的菌种，总体上便于进行优化设计。也就是说，两步发酵较之单相发酵工艺过程的产气量、效率、反应速度、稳定性和可控性等方面都要优越，而且生成的沼气中的甲烷含量也比较高。从经济效益看，这种工艺流程加快了挥发性固体的分解速度，缩短了发酵周期，从而也就降低了生成甲烷的成本和运转费用。

4. 按发酵级差划分

(1)单级沼气发酵工艺　简单地说，就是产酸发酵和产甲烷发酵在同一个沼气发酵装置中进行，而不将发酵物再排入第二个沼气发酵装置中继续发酵。从充分提取生物质能量、杀灭虫卵和病菌的效果以及合理解决用气、用肥的矛盾等方面看，它是很不完善的，产气效率也比较低。但是这种工艺流程的装置结构比较简单，管理比较方便，因而修建和日常管理费用相对比较低廉，是目前我国农村最常见的沼气发酵类型。

(2)多级沼气发酵工艺　所谓多级发酵，就是由多个沼气发酵装置串联而成。一般第一级发酵装置主要是发酵产气，产气量可占总产气量的50%左右，而未被充分消化的物料进入第二级消化装置，使残余的有机物质继续彻底分解，这既有利于物料的充分利用和彻底处理废物中的生物耗氧量(BOD),也在一定程度上能够缓解用气和用肥的矛盾。如果能进一步深入研究双池结构的形式,降低其造价,提高两级发酵的运转效率和经济效果,对加速我国农村沼气建设的步伐是有现实意义的。从延长沼气池中发酵原料的滞留时间和滞留路程、提高产气率、促使有机物质的彻底分解角度出发,采用多级发酵是有效的。对于大型的两级发酵装置,第一级发酵装置安装有加热系统和搅拌装置,以利于提高产气量,而第二级发酵装置主要是彻底处理有机废物中的 BOD,不需要搅拌和加温。但若采用大量纤维素物料发酵,为防止表面结壳,第二级发酵装置中仍需设置搅拌。

把多个发酵装置串联起来进行多级发酵,可以保证原料在装置中的有效停留时间,但是总的容积与单级发酵装置相同时,多级装置占地面积较大,装置成本较高。另外,由于第一级池较单级池水力滞留期(沼液在池内的停留时间)短,其新料所占比例较大,承受冲击负荷的能力较差。如果第一级发酵装置失效,有可能引起整个装置的发酵失效。

5. 按发酵浓度划分

(1)*液体发酵工艺* 发酵料液的干物质浓度控制在10%以下,在发酵启动时,加入大量的水。出料时,发酵液如用作肥料,无论是运输、贮存或施用都不方便。对干旱地区,由于水源不足,进行液体发酵也感到困难。

(2)*干发酵工艺* 干发酵又称固体发酵,发酵原料的总固体浓度控制在20%以上,干发酵用水量少,其方法与我国农村沤制堆肥基本相同。此方法可一举两得,既沤了肥,又生产了沼气。干发酵工艺由于出料困难,不适合户用沼气池采用。

6. 以料液流动方式划分

(1)*无搅拌且料液分层的发酵工艺* 当沼气池未设置搅拌装置时,无论发酵原料为非匀质的(草粪混合物)或匀质的(粪),只要其固形物含量较高，在发酵过程中料液会出现分层现象（上层为浮渣层，中层为清液层，中下层为活性层，下层为沉渣层）。这种发酵工艺，因沼气微生物不能与浮渣层原料充分接触，上层原料难以发酵，下层沉淀又占有越来越多的有效容积，因此原料产气率和池容产气率均较低，并且必须采用大换料的方法排除浮渣和沉淀。

(2)全混合式发酵工艺　由于采用了混合措施或装置，池内料液处于完全均匀或基本均匀状态，因此微生物能与原料充分接触，整个投料容积都是有效的。它具有消化速度快、容积负荷率和体积产气率高的优点。处理禽畜粪便和城市浮泥的大型沼气池属于这种类型。

(3)塞流式发酵工艺　采用这种工艺的料液，在沼气池内无纵向混合，发酵后的料液借助于新鲜料液的推动作用而排走。这种工艺能较好地保证原料在沼气池内的滞留时间，在实际运行过程中，完全无纵向混合的理想塞流方式是没有的。许多大、中型畜禽粪污沼气工程采用这种发酵工艺。

沼气发酵工艺除有以上划分标准外，还有一些其他的划分标准。例如，把“塞流式”和“全混合式”结合起来的工艺，即“混合—塞流式”；以微生物在沼气池中的生长方式区分的工艺，如“悬浮生长系统”发酵工艺，“附着生长系统”发酵工艺。需要注意的是，上述发酵工艺是按照发酵过程中某一条件特点进行分类的，而实践中应用的发酵工艺所涉及的发酵条件较多，上述工艺类型一般不能完全概括。因此，在确定实际的发酵工艺属于什么类型时，应具体情况具体分析。例如，我国农村大多数户用沼气池的发酵工艺，从温度来看，是常温发酵工艺；从投料方式来看，是半连续投料工艺；从料液流动方式看，是料液分层状态工艺；按原料的生化变化过程看，是单相发酵工艺，因此其发酵工艺属于常温、半连续投料、分层、单相发酵工艺。

(二)沼气发酵工艺流程

1. 连续发酵工艺流程 处理大、中型集约化畜禽养殖场粪污和工业有机废水的大、中型沼气工程,一般都采用连续发酵工艺,其工艺流程如图 2-12 所示。

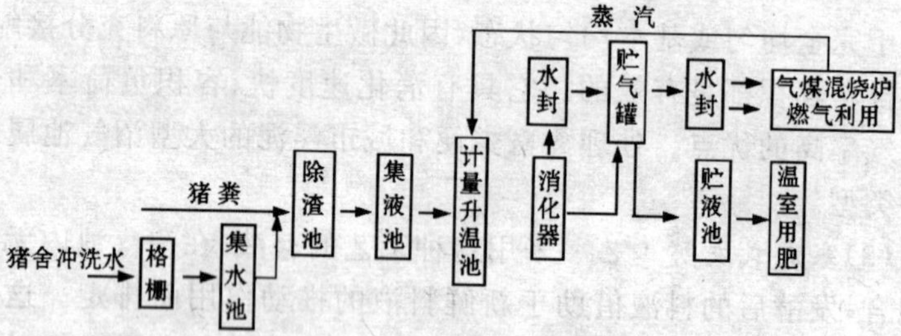

图 2-12 连续发酵工艺基本流程

这种工艺流程控制的基本参数为进料浓度、水力滞留期、发酵温度。启动阶段完成之后,发酵效果主要靠调节这 3 个基本参数来进行控制。例如,原料产气率、体积产气率、有机物去除率等,都是由这 3 个参数所决定的。

在连续发酵工艺中,当每天处理的总固体相同时,料液浓度和水力滞留期不同,要求发酵装置的有效容积也不同,并且变化幅度较大。由于进料浓度和水力滞留期都可以在较大范围内变化,这就给人们选择最佳方案造成了极大的困难。目前尚未找到一个大家认同的、能在实际设计上广泛应用的选择最佳参数的公式,许多沼气工程是依据定点条件试验或单因子试验结果,甚至是靠经验来进行设计的,它们离"最佳化"还有相当的距离。

连续自然温度发酵工艺,一般不考虑最高池温,但要考虑最低池温。也就是说在沼气池内的温度变化到最低点时,在选定的进料浓度和水力滞留期条件下，发酵不至于全部失效。根据我国大多数地方地下沼气池全年的温度变化数据以及一些试验数据，可供选择的水力滞留期大都在 40～60 天进料总固体浓度为 6％左右。由于发酵原料一般不随温度而增减，在夏季，选择这种参数的沼气池在某种程度上是处于“饥饿”状态，冬季则处于“胀肚子”状态。尽管如此，从当前情况看，采用这种连续自然温度发酵工艺，在我国仍有广泛的发展前景。

在设计连续恒温发酵工艺时，对参数的选择必须十分谨慎。如果原料自身温度高，或者附近有余热可利用来加温和保温，则应尽量按高温或中温设计。如果不存在上述条件，则参数的选择必须十分谨慎。因为任何一个参数的变化不仅将引起投资成本的变化，而且还引起沼气工程自身耗能的变化，给工程的效益带来较大的影响。

2. 半连续发酵工艺流程　我国农村户用沼气池一般都采用常温半连续发酵工艺生产沼气，其工艺流程如图 2-13 所示。

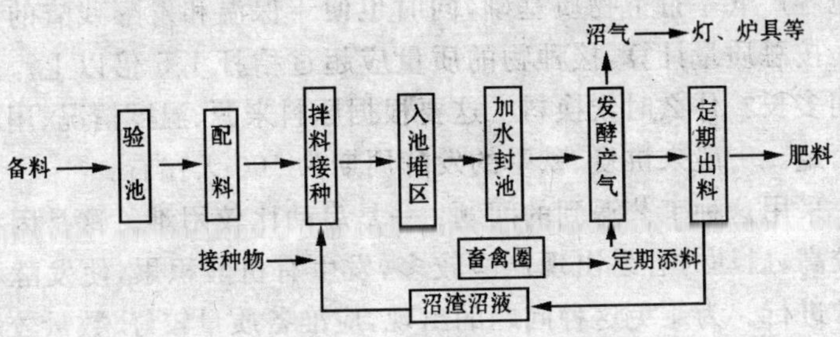

图 2-13　常温单级半连续发酵工艺基本流程

这种发酵工艺采用的主要原料是粪便和秸秆，应控制的主要参数是启动浓度、接种物比例及发酵周期。启动浓度一般小于 6％，这对顺利启动有利。接种物一般占料液总量的 10％以上，秸秆较多时应加大接种物数量。发酵周期根据气温和农业用肥情况而定。

采用这种工艺遇到的问题是,容易忽视经常不断地补充新鲜原料,因为发酵一段时间之后,启动加入的原料已大部分分解,此时不补料,产气必然很快下降。为解决这一问题,在建池时应把猪圈、厕所与沼气池连通起来。以便粪尿能自动地流入池中。采用这种工艺,出料所需劳力比较多,应注意事先做好劳力安排,有条件的地方尽量采用出料机具。

3. 批量发酵工艺流程 沼气发酵用农作物秸秆等固体原料生产沼气,通常采用批量发酵工艺,其工艺流程为:

原料及接种物的收集→原料预处理→原料、接种物混合入池→发酵产气→出料

这种工艺应控制的主要参数为启动浓度、发酵周期及接种物的比例。原料的滞留期等于发酵周期,启动浓度按总固体计算一般应高于20%。这是为了保证沼气池能处理较多的总固体,为提高池容产气率打下物质基础,同时也便于保温和发酵残渣的再利用。按总质量计算,接种物的质量应超过秸秆1.5倍以上。发酵周期多长?什么时候换料?这要根据原料来源、温度情况、用肥季节而定。一般来讲夏、秋季的发酵周期为100天左右。

采用这种工艺遇到的问题:一是启动比较困难。这是因为浓度较高,启动时容易出现产酸较多,发生有机酸积累,使发酵不能正常进行。为避免这种问题的出现,应准备质量较好、数量较多的接种物,调节好碳氮比,并对秸秆原料进行预处理。二是进、出料不太方便。采用这种工艺,一般投入秸秆较多,但活动盖口较小的沼气池,进、出料不太方便。因此,应根据发酵工艺特点,对发酵装置进行优化设计,采用盖口较大的沼气池或用半塑式沼气池,有条件的地方应尽量采用出料机具。

4. 两步发酵工艺流程 20世纪70年代以来,受沼气发酵过

程分段理论的启迪，美国的 Ghosh 和 Klass 等人首先开展了沼气两步发酵工艺（简称两步法）的研究，获得成功之后，美国、英国、比利时、荷兰、日本、中国、印度、泰国等国家的科技工作者积极研究和开发这项高效的新工艺。目前，世界上已建成多个两步发酵的中试和实用的生产规模装置，成功地用于处理牲畜粪便和某些工业废水。两步发酵工艺流程如图 2-14 所示。

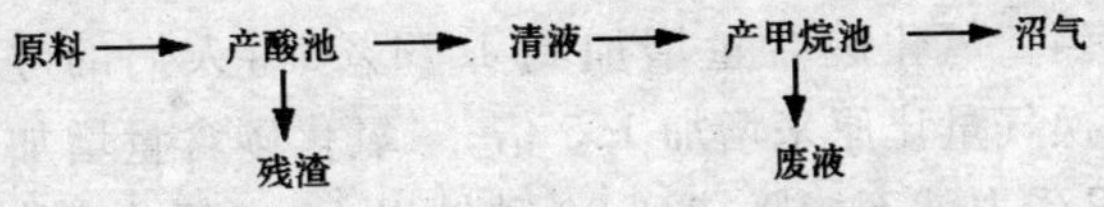

图 2-14　两步发酵工艺流程

按发酵方式可将沼气两步发酵工艺划分成全两步发酵法和半两步发酵法。

全两步发酵法按原料的形态、特性可划分成浆液和固态 2 种类型。浆液型和固态型的原料可以先经预处理或者不预处理，然后进入产酸池。产酸池的特点在于：①控制固体物和有机物的高浓度和高负荷；②采用连续或间歇式进料（浆液原料）和批量投料（固态原料）；③浆液原料用完全混合式发酵，固态原料采用干发酵。产酸池形成的富含挥发酸的“酸液”进产甲烷池。产甲烷池常采用厌氧上流式污泥床反应器（UASB）、厌氧过滤器（AF）、部分充填的上流式厌氧污泥床或者厌氧接触式反应器等高效反应器；间歇或连续进料；固体物负荷率比产酸池低，可溶性有机物负荷率高。

半两步发酵法是利用两步发酵工艺原理，将厌氧消化速度悬殊的原料综合处理，达到较高效率的简易工艺。它将秸秆类原料进行池外沤制，产生的酸液进沼气池产气，残渣继续加水浸沤。浆液原料（粪便等）则直接进沼气池发酵。这种工艺，原料的产气量基本不变，气池的产气率显著提高，且秸秆不进沼气池，减少了很多麻烦。

七、安全常识

(一)沼气窒息中毒及急救

空气中的二氧化碳含量一般为0.03%～0.1%，氧气为20.9%。当二氧化碳含量增加到1.74%时，人们的呼吸就会加快、加深，换气量比原来增加1.5倍；二氧化碳含量增加到10.4%时，人的忍受力就不能坚持到30秒钟以上；二氧化碳含量增加到30%左右，人的呼吸就会受到抑制，以至麻木死亡。按空气中的氧气来说，当氧气含量下降到12%时，人的呼吸就会明显加快；氧气含量下降到5%时，人就会出现神志模糊的症状；如果人们从新鲜空气环境里，突然进入氧气含量只有4%以下的环境里，40秒钟内就会失去知觉，随之停止呼吸。而沼气池内，只有沼气，没有氧气，二氧化碳含量又占沼气的35%左右。所以，在这种情况下，很自然就会使人立即死亡。

这种情况多数发生在沼气池准备出料时，因为活动盖已打开好多天了，人们误以为沼气池里的有害气体已经排除干净，马上就下池。实际上，比空气轻一半的甲烷已经散发到空气中去了，但是，比空气重1.53倍的二氧化碳不容易从沼气池散发。因此，在二氧化碳比较多的情况下，人们一旦进入沼气池就会窒息。长时间不用的沼气池又被利用时，有的农户以为这些沼气池早就没气了，可是当把池内表面结壳戳破的时候，马上就有大量的沼气冒出来，使人立即窒息中毒。

怎样预防沼气池内窒息中毒呢？

第一，建造离地面比较浅的沼气池。尽量避免下池操作，把沼气池的深度控制在2米以内。这样，清除池里的沉渣可以在池外进行。万一进入沼气池内发生危险时也便于抢救。

第二，入池前，一定要把池内沼液抽走，使液面降至池壁上进、出料口以下，在出料口用电扇吹，充分通风，放净沼气。先把鸡、鸭、兔等小动物放进去试验，证明确实没有危险后，再下池操作。

第三，下池工作时，池上要有人守护。下池工作的人员要系上保险带，一旦发生危险，池上的守护人员可立即抢救。

要注意的是，当发现有人中毒后，一定不要急着下池抢救，首先用鼓风机等多种方法向池内鼓风，使病人吸入新鲜空气。不懂得这一点，慌忙下去抢救，结果会造成多人连续中毒的事故。被抢救出来的中毒病人，要尽快送到附近医院抢救治疗，不可耽误时间。

(二)沼气爆炸和火灾预防

沼气是一种可燃气体，一遇上火苗就会猛烈燃烧。所以，绝对不能在已经产气的沼气池旁边使用油灯、蜡烛、火柴和打火机等明火，也不能吸烟。若需要照明，只能用防爆电灯、手电筒等。有时候，人下池后没有什么异常感觉，但不等于池内没有沼气。如果这些残存的沼气比例占到池内空气的7%～26%，一遇到火苗就会爆炸。

怎样预防沼气的爆炸、火灾的发生？

第一，在使用沼气灶或沼气灯前，要先点着火柴等引火物等在一旁，然后打开沼气开关，稍等片刻点燃沼气灶或沼气灯。如果先打开沼气开关，再点燃火柴等引火物，等候时间稍长，灶、灯具周围沼气增多，就会有烧伤人的危险，甚至有引起火灾的可能。

第二，沼气灶和沼气灯不要放在柴草、油料、棉花、蚊帐等易燃品旁边，也不要靠近草房的屋顶，以免发生火灾。

第三，每次使用沼气前后，都要检查开关是否已经关闭。如果使用前发现开关没有关就不能点火，因为这时候屋里可能已散发了不少沼气，一遇上火苗，就可能发生爆炸或火灾；此时，应赶快关闭开关，打开门窗，通风后再使用。

第四，要教育孩子不要在沼气池和沼气配套设备（灯、灶、开关、管道等）附近玩火，因为这些地方也常有漏气现象。

第五，要经常检查开关、管道、接头等处有没有漏气。可用肥皂水检查；也可用碱式醋酸铅试纸检查。方法是：用清水把试纸浸湿，贴在要检查的部位，如果漏气，试纸和沼气中的硫化氢发生化学反应，使试纸变成黑色。如果在关闭开关的情况下，闻有臭鸡蛋气味（硫化氢气味），则可以肯定，沼气设备有漏气的地方，而且漏气还比较严重，要赶快检查处理。

一旦发生烧伤事故，要根据受伤者的烧伤程度来处理。严重的要立即送医院抢救。火灾事故发生时，头脑要冷静，首先要关掉气源，同时组织救火。

发生沼气中毒、烧伤和火灾事故，都是由于人们不了解沼气的性质和麻痹大意造成的。在我国上千万个沼气池中，虽然发生事故的用户只是极少数，但绝不能掉以轻心。只要人们掌握了安全使用沼气的知识，并认真对待它，防止沼气安全事故的发生是完全可能的。

思考题

1. 生态家园的典型模式有哪些？
2. 什么是沼气？
3. 影响沼气发酵的主要因素有哪些？
4. 原料的碳氮比对沼气发酵有什么影响？
5. 酸碱度对沼气发酵有什么影响？
6. 沼气池活动盖已打开，出料数天后，为什么还会发生人员窒息、中毒事故？
7. 怎样抢救沼气池内窒息、中毒人员？

第三章　沼气用具及设备基础知识

一、沼气燃烧器具

(一)沼气燃烧方法及燃烧器

1. 扩散式燃烧及燃烧器　人工沼气在燃烧前不预先混合空气,而是在喷出燃烧器后,依靠扩散作用从周围大气中获得氧气。即沼气与空气边混合边燃烧,这种燃烧方法称为扩散式燃烧。按此方法设计的燃烧器称为扩散式燃烧器。

扩散式燃烧器结构简单,使用方便,火焰稳定,但其燃烧速度较慢,火焰较长而呈黄色,无清晰的轮廓。为达到完全燃烧,需要较多的过剩空气。因此,燃烧温度较低,最高不超过 900℃。扩散式燃烧器适合温度不高,但可制成要求温度比较均匀的工业炉和民间燃具。小型扩散式燃烧器也常用作点火器。

2. 大气式燃烧及燃烧器　沼气在燃烧前预混部分空气而进行的燃烧称为大气式燃烧,按此方法设计的燃烧器称为大气式燃烧器。沼气以一定压力自喷嘴喷出,进入混合管(即引射器),由于喷嘴后形成的负压使所需的一部分空气被吸入,在混合管中混合后从燃烧器头部火孔逸出而燃烧,形成了火焰的内锥。其余的燃气依靠扩散作用和周围的二次空气混合燃烧,形成火焰的外锥。火焰呈淡蓝色,在内外焰交界处的火焰温度为最高。大气式燃烧器燃烧比较完全,使用方便,但负荷较大时结构较庞大笨重。多孔大气式燃烧器如图 3-1 所示,广泛用于民用燃具。

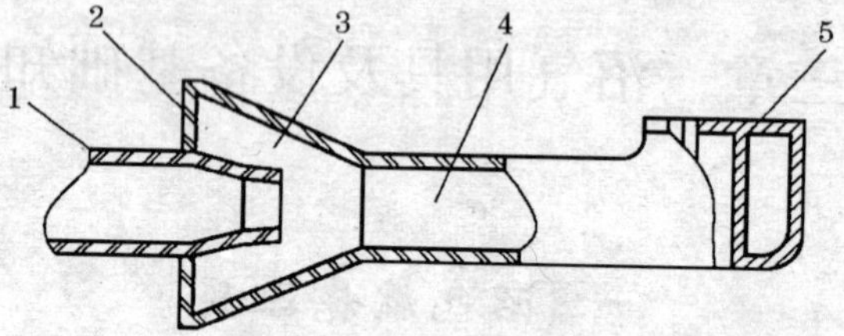

图 3-1　多孔大气式燃烧器

1. 喷嘴　2. 调风板

3. 一次空气入口　4. 引射器喉部　5. 火孔

燃烧的稳定性是以有无脱火、回火和光焰现象来衡量的。正常燃烧时，燃气离开火孔速度同燃烧速度相适应。这样，在火孔上便形成了稳定的火焰。如果燃气离开火孔的速度大于燃烧速度，火焰就不能稳定在火孔出口处，而会离开火孔一定距离，并有些颤动，这种现象叫离焰。如果燃气离开火孔的速度继续增大，火焰继续上浮，最后会熄灭，这种现象叫脱火。由于沼气的火焰传播速度比其他燃气小得多，如果火孔的流出速度超过一定范围，燃烧器设计加工不合理，则易产生脱火。

相反，当燃气离开火孔的速度小于燃烧速度，火焰会缩入火孔内部，导致混合物在燃烧器内进行燃烧，从而破坏一次空气的引射和形成化学不完全燃烧，这种现象称为回火。

当燃烧时空气供给不足（如关小风门），则不会产生回火。但此时在火焰表面将形成黄色边缘，这种现象称为光焰，说明它产生化学不完全燃烧。

脱火、回火和光焰现象都是不允许的，因为它们都会引起不完全燃烧，产生一氧化碳等有毒气体。这些现象的产生是与一次空气系数、火孔出口流速、火孔直径以及制造燃烧器的材料等有关。

目前，各地使用的沼气燃烧器大多属于大气式燃烧器，由于沼气的火焰传播速度较低，故容易产生离焰或脱火。一般防止脱火的方法有：采用少量较大火孔代替同面积的数量较多的小火孔；利用稳焰器使局部气流产生旋转或降低沼气流速，以达到新的动力平衡；在主火焰根部加热，起连续点火的作用；采用密置火孔。

3. 无焰式燃烧及燃烧器　燃气和燃烧所需的全部空气预先混合，并且能在很小的过剩空气系数下达到完全燃烧，燃烧过程中火焰很短，火焰外锥几乎完全消失甚至看不见，这种燃烧器一般采用引射器吸入空气，经混合后在高温网络或上孔式火道中完全燃烧，因此具有无焰的特性。

多孔陶瓷板（图 3-2）上进行的无焰燃烧使其表面呈现一片红色，其表面温度通常为 850℃～900℃，甚至更高。燃烧产生的热量相当一部分以辐射热的形式散发出来。因此，又称为沼气红外线辐射板。

图 3-2　多孔陶瓷板

（二）沼气灶具的主要特性

1. 沼气灶的热流量　沼气灶热流量是指单位时间内可输出的热量，表明燃具加热能力大小，单位为千焦/时，通俗地说，是指灶具燃烧火力的大小。热流量可按下式进行计算：

$$I=V_0\times Q_H$$

式中：I 为沼气灶具的热流量（千焦/时）；V_0 为沼气灶具的流量（米^3/时）；Q_H 为沼气的热值（千焦/米^3）。

热流量过大，锅来不及吸收，火跑出锅外，热损失大，热效率低，浪费沼气。此时，虽然可缩短炊事时间，但加热时间的减少并不显著。

热流量过小，延长了加热时间，不能满足炊事用热要求，特别是不利于炒菜时使用。因此，热负荷过大、过小都不适宜。一般家用沼气灶的热负荷为 24 000 千焦/时左右。

2. 沼气灶具的热效率 热效率是指被加热物吸收的热量与沼气灶具所放出的热量之比，即有效利用热量占沼气放出热量的百分数。热效率通常以"η"来表示。热效率可按下式进行计算：

$$\eta=\frac{\text{被加热吸收的热量}}{\text{沼气燃烧放出的热量}}\times 100\%$$

热效率的高低与整个沼气燃烧过程、传热过程等因素有关，是一个受多种因素影响的综合系数。

要使热效率提高，应尽可能使沼气得到完全燃烧，热量得到充分利用。家用沼气灶(GB 3603-2001)规定热效率最低不得小于55%。

3. 沼气灶具的一次空气参数 一般家用沼气灶均属大气式燃烧器，对大气式沼气灶具而言，燃烧时所需的空气由两部分供给，一部分是从引射器进风口吸入，它在沼气燃烧之前预先与沼气混合，称为一次空气；另一部分是沼气一边燃烧，一边由火焰周围的大气供给，称为二次空气。一次空气量与理论空气量之比，称为一次空气系数，以 α 表示。

$$\alpha=\frac{\text{一次空气量}}{\text{理论空气量}}$$

一次空气系数是衡量沼气灶具燃烧性能好坏的一个重要指标，其大小都是根据燃烧方式决定的，一般大气式沼气灶具取值为0.85～0.90。

(三)家用沼气灶

1. 家用沼气灶的组成 我国目前常用的沼气灶具种类有：不锈钢脉冲和压电点火双眼灶及单眼灶，该灶由燃烧系统、供气系统、辅助系统及点火系统4个部分组成。

在灶具的4个组成部分中，燃烧器是最重要的部件，一般采用多孔大气式燃烧器(图3-1)。燃烧器的头部一般均为圆形火盖。火孔形式有圆形(图3-3)、梯形、方形、缝隙形(图3-4)。

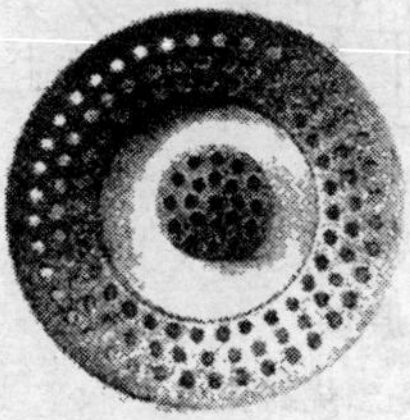

图3-3 圆形火盖

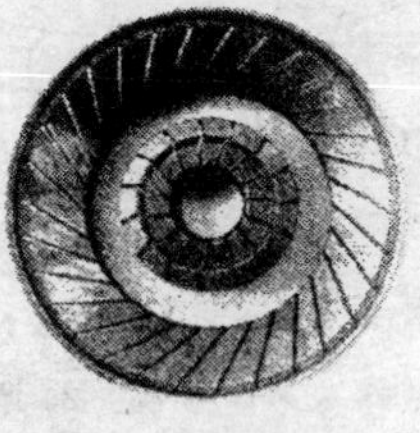

图3-4 缝隙形火孔

供气系统包括沼气阀和输气管，沼气阀主要用于控制沼气通路的关与闭，应经久耐用，密封性能可靠。

辅助系统是指灶具的整体框架、灶面、锅支架等。简易锅支架一般采用3个支爪，120°角分布上下翻动。较高级的双眼灶上都配有整体支架，既可放平底锅，也可放尖底锅。

点火系统多配在高档灶具上。常用的点火器有压电陶瓷火花点火器(图3-5)和电脉冲火花点火器。

图3-5 压电陶瓷火花点火器

2. 家用沼气灶的结构原理 家用沼气灶具一般由喷嘴、调风板、引射器和头部等4个部分组成，其结构如图3-6所示。

(1)喷嘴 喷嘴是控制沼气流量(即负荷)，并将沼气的压能转化为动能的关键部件。一般采用金属材料(最好是铜)制成。喷嘴的形式和大小，直接影响沼气的燃烧效果，也关系到吸入一次空气

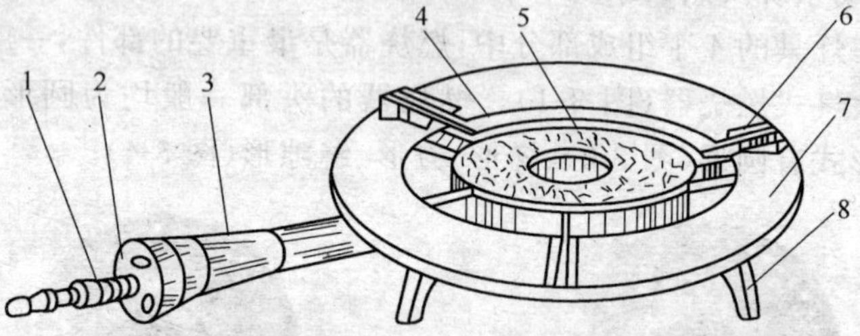

图 3-6　家用沼气灶结构原理

1. 喷嘴　2. 调风板　3. 引射器　4. 燃烧器头部
5. 火孔　6. 锅支架　7. 炉盘　8. 脚撑

量的多少。喷嘴直径与燃烧炉具的热负荷、压力等因素有关，家用沼气炉具的喷嘴孔径，一般控制在 2.5 毫米左右。喷嘴管的内径应大于喷孔直径的 3 倍，这样才能使沼气在通过喷嘴时有较快的流速。喷嘴管内壁要光滑均匀，喷气孔口要正，不能偏斜。

(2)调风板　调风板一般安装在喷嘴和引射器的喇叭口的位置上，用来调节一次空气量的大小。当沼气热值或者炉前压力较高时，要尽量把调风板开大，使沼气能够完全和稳定地燃烧。

(3)引射器　引射器由吸入口、直管、扩散管 3 个部分构成。三者尺寸比例，以直管的内径为基准值，直管内径又根据喷嘴的大小及沼气与空气的混合比来确定。前段吸入口的作用是减少空气进入时的阻力，通常做成喇叭形；中间直管的作用是使沼气和空气混合均匀；扩散管的作用是对直管造成一定的抽力，以便吸入燃烧时需要的空气量。扩散管的长度一般为直管内径的 3 倍左右，扩散角度为 8°左右。初次使用沼气炉具之前，应认真检查一下引射器，如果里面有铁砂或其他东西堵塞，应及时清除。

(4)燃烧器　燃烧器是沼气炉具的主要部位，它由气体混合室、喷火孔、火盖、炉盘 4 个部分构成，其作用是将混合气通过喷火孔均匀地送入炉膛燃烧。头部的截面积应比燃烧孔总面积大 2.5 倍，燃烧孔的截面积之和是喷嘴孔面积的 100～300 倍，孔深应为其直径的 2～3 倍。支撑头部的部位叫炉座，炉座高度（也称吊火高度）对充分利用沼气燃烧时的最高温度、提高燃烧效率有着举足轻重的作用。因此，一定要认真调试，使其保持在最佳高度。

3. 沼气灶具的工作原理　沼气由导气管送至喷嘴，具有一定压力的沼气从喷嘴喷出时，借助自身的能量，通过引射器吸入要求的空气。在前进中，沼气与空气进行充分混合，然后由头部小孔逸出，进行燃烧。一次空气进风量的多少，可通过调风板来控制。

家用沼气灶国家标准灶前压力为 800～1 600 帕，用得最多的是 800 帕的沼气灶。选购沼气灶具时，要选择符合国家标准、经过专家技术鉴定的优良产品。

4. 家用沼气灶的技术性能　家用沼气灶的主要技术性能参数的国家标准如表 3-1 所示。

表 3-1　家用沼气灶具的主要技术性能

灶具名称	额定压力	热流量		效率(%)	一氧化碳(%)
		千　瓦	千焦/时		
家用沼气灶	800	2.79	10041.6	55	0.05
	1600	3.26	11715.2		

(四)家用沼气灯

沼气灯是把沼气化学能转变为光能的一种燃烧装置。它和沼气灶具一样，是广大农村沼气用户重要的沼气用具。特别是在偏僻、边远无电力供应的地区，用沼气来照明，其优越性尤为显著。它还可为大棚蔬菜提供光照、热能和二氧化碳（蔬菜光合作用合成有机质的碳源），有助于增产。沼气灯耗气量少，只相当于炊事沼气用气量的 1/6～1/5，每天做饭剩余的少量沼气即可用来点灯，使用方便、灵活。

1. 沼气灯的结构 沼气灯也是一种大气式燃烧器，分吊式和座式2种。吊式沼气灯如图3-7所示；座式两用沼气灯如图3-8所示。

沼气灯一般由喷嘴、引射器、泥头、纱罩、反光罩、玻璃灯罩等主要部件组成(图3-9)。

(1)喷嘴和引射器 喷嘴和引射器的作用与炊事燃具的原理、作用相同。为简化结构，引射器做成直圆柱管，与喷嘴用螺纹直接连接。喷嘴在引射器内可转动自如。在离喷嘴不远的引射器上对开2个直径为7～9毫米的圆孔，作为一次空气进风门。一次空气进量的多少，可通过调节喷嘴至一次空气口的距离来校正。喷嘴的喷孔很小，一般为1毫米左右，很容易堵塞和锈塞，沼气进入前，最好用细铜丝网或不锈钢丝网过滤，滤去杂质。

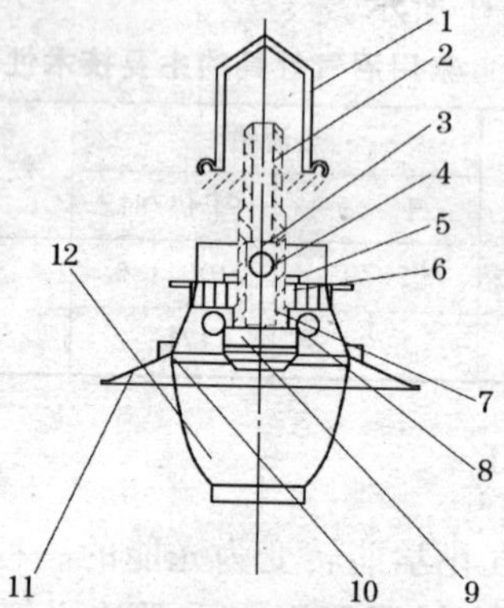

图 3-7 吊式沼气灯

1. 吊环 2. 喷嘴 3. 横担 4. 一次空气进风孔
5. 引射器 6. 螺母 7. 垫圈 8. 上罩
9. 泥头 10. 烟孔 11. 反光罩 12. 玻璃罩

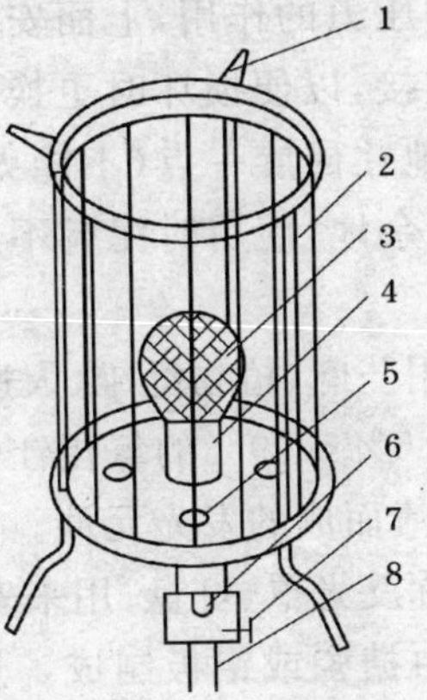

图 3-8　座式两用沼气灯

1. 支架　2. 玻璃罩　3. 纱罩　4. 泥头

5. 二次进风孔　6. 一次进风孔　7. 调节环　8. 喷嘴

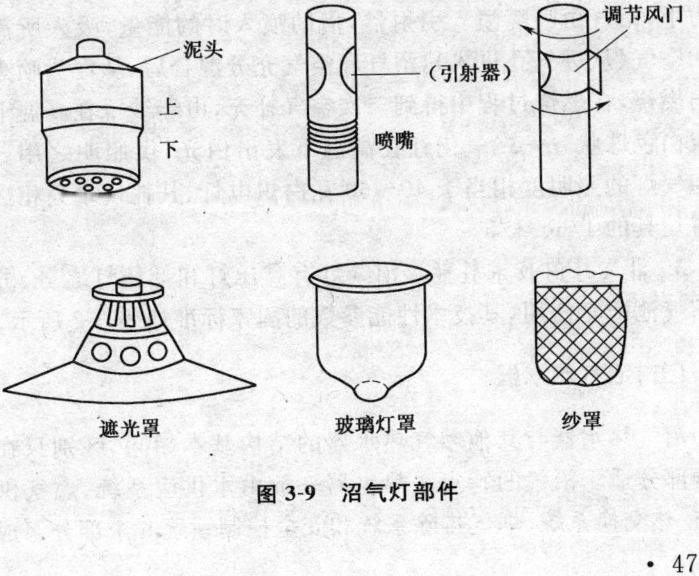

图 3-9　沼气灯部件

(2)泥头　泥头是用耐火材料制成的，端部开有很多小孔，起均匀分配气流和缓冲压力的作用，上面安装着纱罩。泥头与铁芯(引射器)采用螺纹连接，以便损坏时更换。更换时将泥脚在铁芯上旋紧之后，再稍稍地往回旋一点(不能太松，以免跌落)，使泥脚与铁芯有一点点宽松余地，使用时泥脚不会因铁芯受热膨胀而胀裂。

(3)纱罩　它是用苎麻、植物纤维、人造丝按 3∶5∶15 的比例配线织网，然后用 98.5%～99%的氧化钍(ThO)和 1%～1.5%的氧化铈(CeO)溶液浸渍而成的发光元件。

(4)聚光罩　又称反光罩、灯盘，用来安装玻璃罩，并起到反光和聚光作用，一般用白搪瓷或铝板制成。灯盘上部的小孔起散热和排除废气的作用。

(5)玻璃灯罩　用耐高温玻璃制成，用来防风和保护纱罩，防止飞蛾撞击。

2. 沼气灯的工作原理　沼气由输气管送至喷嘴，在一定的压力下，沼气由喷嘴喷入引射器，借助喷入时的能量，吸入所需的一次空气(从进气孔进入)，沼气和空气充分混合后，从泥头喷火孔喷出燃烧，在燃烧过程中得到二次空气补充，由于纱罩在高温下收缩成白色珠状——二氧化钍在高温下发出白光，供照明之用。一盏沼气灯的照明度相当于 40～60 瓦白炽电灯，其耗气量只相当于炊事灶具的 1/6～1/5。

3. 沼气灯的技术性能　沼气灯有高压灯和低压灯之分，分别与沼气池配套使用，其技术性能参数的国家标准如表 3-2 所示。

(五)沼气热水器

沼气热水器与其他燃气热水器的结构基本相同，区别只在燃烧器部分适于沼气的特点。热水器一般由水供应系统、燃气供应系统、热交换系统、烟气排除系统和安全控制系统 5 个部分组成。

表 3-2　沼气灯的主要技术性能参数

灯具名称	额定压力（帕）	热流量		度（勒）	发光效率（勒/瓦）	一氧化碳（%）
		瓦	千焦/时			
家用沼气灯	800	410	1464.4	60	0.13	0.05
	1 600	—	—	45	0.10	
	2 400	525	1882.8	35	0.08	

目前多采用后制式热水器，即其运行可以用装在冷水进口处的冷水阀或用装在热水出口处的热水阀进行控制。

二、沼气输配设施

农村户用沼气输配设施由导气管、输气管、管道连接件、开关、压力表、脱硫器、集水器等组成（图 3-10），其作用是将沼气池内产生的沼气畅通、安全、经济、合理地输送到每一个用具处，保证压力充足、火力旺盛，满足不同的使用要求。

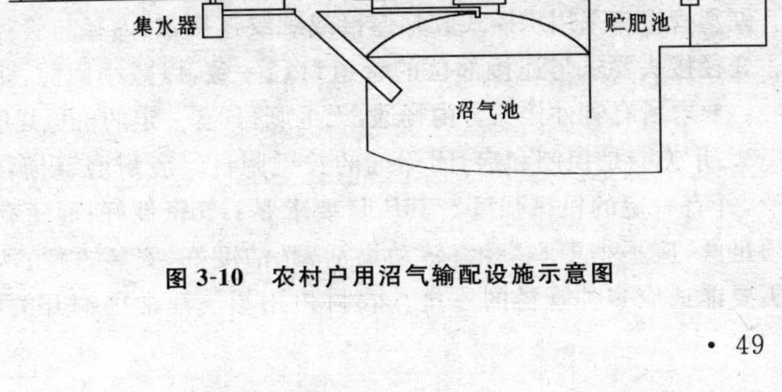

图 3-10　农村户用沼气输配设施示意图

(一)输气管道

1. 材质 要求气密性好,耐老化,耐腐蚀,光滑,价格低。输配沼气一般使用 PVC、PE 硬管或铝塑复合管。

2. 管径 沼气输气管道的管径大小应根据气压、距离、耗气量等情况而定。农村户用沼气输配系统室外管一般选用内径 14 毫米的硬塑管,室内管一般选用内径 12 毫米的 PVC、PE 硬管或铝塑复合管。

(二)管道配件

管道配件包括导气管、三通、四通、弯头、开关等。

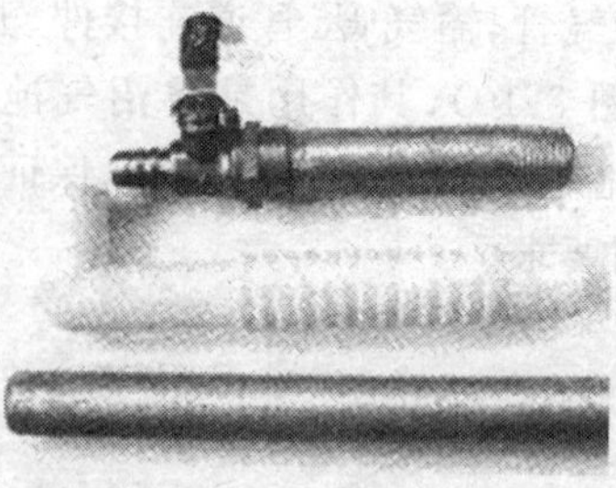

图 3-11 农村户用沼气池常用导气管

1. 导气管 指安装在沼气池顶部或活动盖上面的出气短管。对其要求是耐腐蚀,具有一定的机械强度,内径要足够大,一般应不小于 12 毫米。常用材质为镀锌钢管、ABS 工程塑料、PVC、PE 等(图 3-11)。

2. 管件 管件包括三通、四通、异径接头,一般用硬塑制品。管件内径要求不小于 12 毫米。硬塑管接头采用承插式胶粘连接或螺纹连接,其内径与管径相同。变径接头要求与连接部位的管道口径一致,以减小间隙,防止漏气。要求所有管件接头管内畅通,无毛刺,具有一定的机械强度。

3. 开关 是控制和启、闭沼气的关键附件。应耐磨、耐腐蚀,光滑,并有一定的机械强度。其质量要求是:气密性好;通道孔径必须足够,应不小于 6 毫米;转动灵活,光洁度好,安装方便;两端接头要能适应多种管径的连接。农村户用沼气池常用铜开关、铝开关和 PVC 开关，铜开关和 PVC 开关质量好，经久耐用，应首选使用。

(三)压 力 表

压力表是观察产气量、用气量及测量池压的简单仪表，也是检查沼气池和输气系统是否漏气的工具。农村户用沼气输气系统常用低压盒式压力表和 U 型压力表。

1. 低压盒式压力表　采用防酸碱、防腐蚀材料加工成型，直径为 60 毫米，质量 32 克，检测范围 0～10 千帕。具有体积小、重量轻、耐腐蚀、压力指示准确、直观、运输携带安装方便等特点。用于沼气灶等低压燃气炉具的压力监测和沼气池密封测试等。

2. U 型压力表　一般常用透明软塑料管或玻璃管 U 型压力表，内装带色水柱，读数直观明显，测量迅速准确。

这种压力表的制作方法为：在一块长 1.2 米、宽 0.2 米左右的木板(或三合板、纤维板等)上用 1 号线卡钉上市售的沼气压力表纸；再用软橡皮套管将 2 根长约 1 米的玻璃管连接成 U 型(或直接用透明塑料管弯成 U 型)，管内注入用 1/2 水稀释的红墨水，以指示沼气压力；U 型管的一端接气源，另一端接安全瓶(图 3-12)。当沼气压力超过规定的限度时，便将 U 型管内的红水冲入安全瓶内，多余的沼气就通过瓶内的长管排出；当压力降低时，红水又回到 U 型管内。这种压力计不仅能显示沼气池的气压，而且能起到安全水封的作用，避免了因沼气池内压力骤增而胀裂池体，也可防止压力过大时把液柱冲出玻

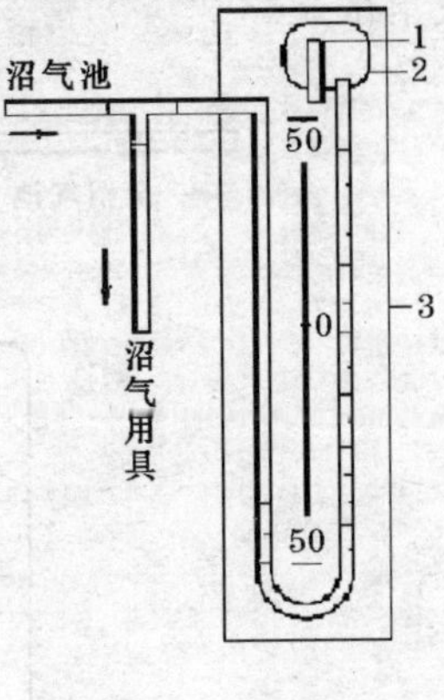

图 3-12　U 型压力表

1. 安全瓶　2. U 型管　3. 刻度底板

璃管而跑气。

(四)集 水 器

沼气中含有一定最低饱和水蒸气,池温越高,水蒸气越多。这些水蒸气在输气管道中遇冷后变成水,积聚在管道中,堵塞输气管道,使沼气输送受阻。用气时,水柱压力表经常发生波动,沼气炉、沼气灯燃烧不稳定,火焰忽大忽小,忽明忽暗。在寒冷地区,常常积水结冰,沼气输送不畅,严重影响用气。集水器又称气水分离器,是用来清除输气管道内积水的装置,分人工集水器和自动集水器2类。

1. 手动排水集水器 取一个磨口玻璃瓶和一个合适的胶皮塞,在塞上打2个孔,孔内插入两根内径为6~8毫米的玻璃弯管,把胶塞塞紧玻璃瓶,两弯管水平端分别与输气管连接(图3-13),当冷凝水高度接近弯管下门时,揭开瓶塞,将水倒出。也有用塑料做成集水壶。

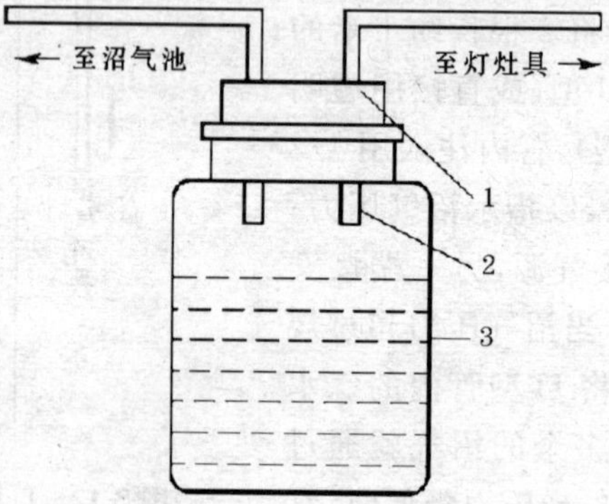

图3-13 手动排水集水器

1. 橡皮塞 2. 玻璃管 3. 玻璃瓶

2. 自动排水集水器　是指积水不需人工操作能自动排出的集水器。这种集水器不需监视积水水位和揭瓶塞倒水、扭开关放水。装好后，便可自动排积水。自动排水集水器的制作方法：在一个瓶塞上插 2 根玻璃管，下端插入水瓶中，其中一管上端接上三通，其两水平端接入输气管道，另一管与大气相通，作为溢流水孔，该溢流水孔应低于三通管，否则在产气量较低时，冷凝水也会堵塞管道。

(五)脱硫器

沼气中的硫化氢，对高档沼气灯、灶具的电子点火装置具有很强的腐蚀性，对铁锅及附近的金属也有腐蚀性。因此，完善的沼气输配系统应采用脱硫器脱除硫化氢的危害。

户用沼气池脱硫一般采用干式脱硫和湿式脱硫 2 种方法。干式脱硫法属氧化铁脱硫法，当含有硫化氢的沼气通过脱硫剂时，沼气中的硫化氢与活性氧化铁接触，生成硫化铁和亚硫化铁，脱除沼气中的硫化氢。湿式脱硫法属化学吸收脱硫法，当含有硫化氢的沼气通过脱硫液时，沼气中的硫化氢与脱硫液发生化学反应，生成硫化物，从而脱除沼气中的硫化氢。

脱硫器中的脱硫剂硫容量一般为 30%，超过容量的脱硫剂就达到了饱和状态，一般在 4 个月左右，这时固体脱硫剂需要倒出在空气中自行氧化，最好阴干，待黑色变成橙色、黄色、褐色即可，然后再装入脱硫瓶中，一般再生 1～2 次。在安装脱硫器时，一定要保证不漏气。液体脱硫剂达到饱和后，也要与空气中的氧气进行还原反应，然后再装入脱硫瓶中，同时可补充新的脱硫剂。

三、沼气池出料设备

目前农村用的沼液出料设备主要是各种泵。

(一)人力活塞泵

农村沼气池用肥常采用人力活塞出料器,又名手提抽粪器。它具有不耗电、制作简单、造价低、经久耐用、不需撬开活动盖就可以抽出沼液和沼渣的特点。这种出料方式适宜于从事农业生产的农户小型沼气池。使用时注意当压力表水柱出现负压时应打开沼气开关与大气连通。手提抽粪器制作简单,活塞筒常采用 110 毫米的 PVC 管制作,长度小于沼气池总深(不含池底厚)250 毫米左右,筒中放入活塞,活塞由活塞片(图 3-14)和手提拉杆组成。

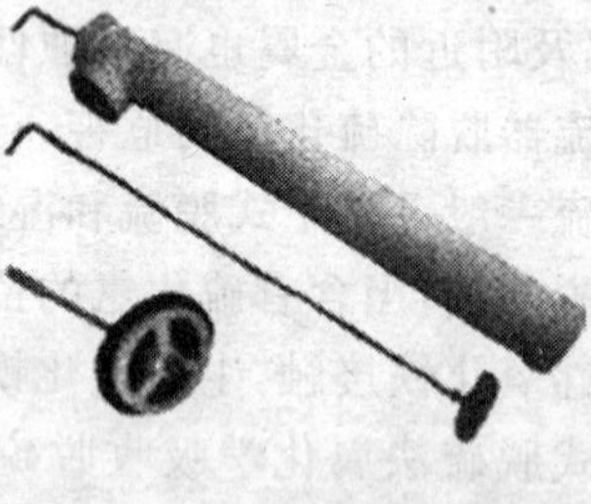

图 3-14　活塞底盘和橡胶片

手提抽粪器的活塞筒常安放在出料间壁挨近主池的位置上,上口距地面 50 毫米,下口离出料间底 250 毫米左右。在出料间旁边挨近抽粪器处建深约 500 毫米,直径约 500 毫米的小坑,用于放粪桶。小坑与抽粪器之间用 110 毫米的 PVC 管连接。该管又与活塞筒上开口连接,抽粪器抽取的沼液、沼渣经 PVC 管后进入粪桶。

(二)机动液肥泵

机动液肥泵是一种用电动机或柴油机作动力的机械化出肥泵。它具有出料速度快的特点,适用于农村养猪专业户或集约化养殖场、生态农场修建的小型或较大型的沼气池,但必须具有贮粪设施。采用机动液肥泵出肥时应注意，当压力表水柱出现负压时应打开开关，或采用间歇性出肥，负压不得超过500帕。农村沼气池常采用的机动液肥泵是出口直径50毫米或75毫米的自吸式离心泵，完成从沼气池中吸出沼肥。

1. 分类 根据传动和动力配置及其特征，机动液肥泵可分为以下几类。

(1)软轴传动泵下置式 这种形式的沼肥泵由于动力机在池外，减轻了下池机具的重量，安装也比较方便。并因带有切割装置，有一定的切断秸秆、杂草的能力，但是，动力是用软轴传动的，曲率半径要求大于500毫米才能使用，需要改进软轴制造质量和使用方法，否则，软轴使用寿命将受到影响。

(2)自吸式 这种形式的沼肥泵，其泵体和动力都在池外，安装、使用都很方便，使用时，用池液将液肥层和沉渣层搅混后，渣、液一起吸出池外。动力使用电动机，亦可用柴油机，适应当前某些无电力供应的农村。但是，搅拌不均匀时，吸渣效果较差。这种沼肥泵在很大程度上，依赖机手操作的熟练程度。

2. 工作原理 沼肥泵选用175型柴油机或3千瓦电动机直联配套，动力机安装在推车式通用机架上，短距离转移十分方便；泵与动力采用软轴直联，使泵能在一定范围内活动，从而提高了出料作业的灵活性；软轴加有保险装置，在负荷突然增加时，不致使软轴受到损坏，泵采用液下式，不必灌注引水，便于频繁启动，随泵配有三脚形起吊架，随池内液面高度，泵可在起吊架上自由升降，以适应池内液面的变化，泵装有切割刀片，能将池内未腐烂的秸秆、杂草切碎泵出，泵配带有搅拌用喷头，需要搅拌时，装上喷头，利用泵出的液体进行回流搅拌，既经济又简单。

工作时，沼肥浆的叶轮在原动机(经过软轴传动)的带动下，高速旋转，产生离心力。离心力使液肥的动能增加，一方面液肥在离心力的作用下，甩向叶轮外缘，再经过泵体流道压入出肥管(排液)；另一方面，在叶轮的中心处形成真空，液肥在大气压力的作用下，压入叶轮进口(吸液)。于是，叶轮不断地旋转，即形成了连续的抽肥过程。

(三)液 肥 车

液肥车是沼气肥机具，它具有抽取速度快和抽、运合一且不需设置贮粪池等特点。适用于农村较大型的猪场及农场修建的大、中型沼气池。采用液肥车出肥时应注意，当压力表出现负压时应打开开关。

7YF-1000 液肥车是一种与小型机动车配套的吸装和运载液肥的装置，它由粪罐和手扶式拖拉机或小四轮车组成，利用机动车的动力，自吸式抽取沼液，并利用机动车的动力把液肥运到用肥的地方，还可利用机动车的势能进行田间施肥。罐体常为 0.8～1 立方米，一般 8 分钟左右能抽取 1 罐。必备条件是沼气池出料间离机车的位置一般不超过 20 米。

该出料装置结构简单，配套容易，使用简便，既可用于各种沼气池的出肥、运肥和施肥，又可用于厕所、粪窖等流动性肥料的出肥、运肥和施肥。

1. 结构　该机由动力部分、密封液罐、吸液管、抽气装置等四大部分组成(图 3-15)。

动力部分用工农-12 型手扶拖拉机或小四轮拖拉机作配套动力。

密封液罐用 3～4 毫米厚钢板焊接成椭圆柱形，其前方设有入孔，入孔盖上安装有液面指示器和停止抽气阀。液罐后方底部装有吸、排液软管，软管尾部装有滤网。液罐底部有拖车架，并装有刹车机构，以保持停车平稳安全。

吸气装置由活塞在拖拉机柴油机排气管上的排气引射器和吸气软管组成。

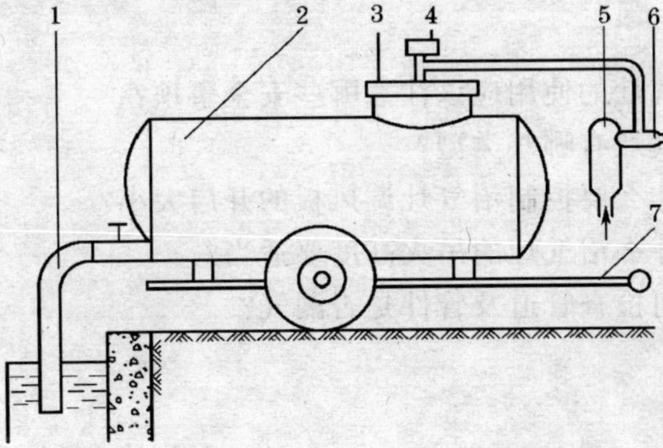

图 3-15　自动式液肥车

1. 吸液管　2. 液罐　3. 人孔盖　4. 指示器
5. 拖拉机排气管　6. 排气引射器　7. 拖车架

2. 工作原理　工作时，将排气引射器活塞套在柴油机排气管上，此时，柴油机燃烧废气经排气引射器排出。由于排气气流速度很高(超过音速)，在喷嘴与扩散管之间形成低压区，因为射流的卷吸作用，将引射室内空气带走密封液罐内的空气，残存气压不断降低，真空度上升。位于沼气池内的液肥，在大气压力的作用下，经吸排液管进入液罐，补充液罐真空区，直到液罐充满为止。

当液罐内液面充满到预定位置时，液面将安全阀浮子升起，阀杆也随浮子上升，与阀杆连为一体的通气阀上升，空气进入密封液罐，破坏了真空度，使吸液停止。同时，使位于阀杆顶部的红色指示器上升，完成吸液过程，将吸液管抬高，放在液罐上就可以运输。

排除液罐内的液肥时，只需将吸排液软管从液罐上取下，人为地打开通气阀，使外界空气进入液罐，破坏罐内真空，液肥在重力作用下，就可以顺利排出。

思考题

1. 沼气灶的使用应该注意哪些安全事项？
2. 沼气灶有哪些类型？
3. 为什么要控制沼气灶调风板的开启大小？
4. 为什么沼气灶的吊火高度要适当？
5. 如何检查管道及管件是否漏气？

第四章　农村沼气池的建造

一、沼气池的结构及工作过程

(一)沼气池的结构

沼气池一般有进料口.进料管.布料板.塞流板.活动盖.出料口、出料管、水压间、强回流装置、导气管、溢流口等部分组成,如图4-1所示。

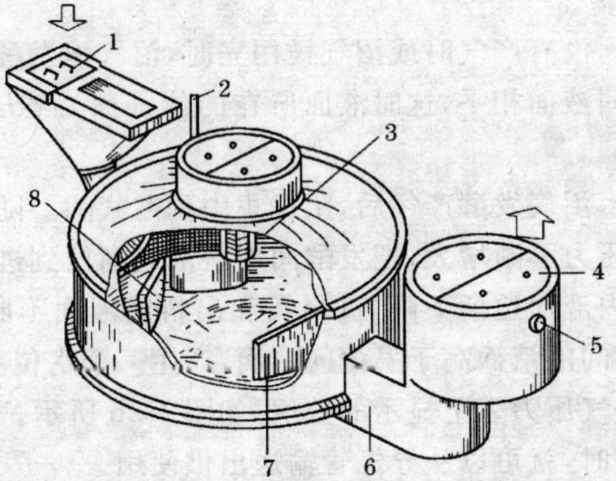

图 4-1　曲流布料沼气池示意图

1. 进料口　2. 导气管　3. 破壳输气吊笼　4. 水压间
5. 溢流口　6. 出料管　7. 塞流板　8. 布料板

(二)沼气池的工作过程

水压式沼气池的工作过程如图 4-2 所示,全过程分为 3 个步骤。

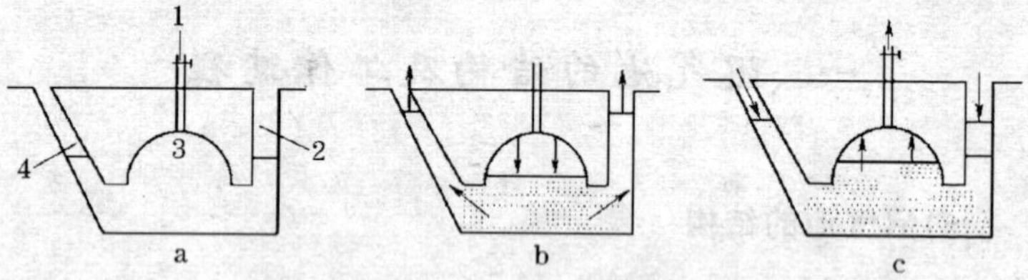

图 4-2　水压式沼气池的工作过程

1. 导气管　2. 水压间(或出料间)

3. 发酵间和贮气间　4. 进料管

第一步,没有产气时或沼气被用完时,沼气池发酵间液面与进料间、出料间液面相平,这时液面所在的位置称为零压线,如图 4-2a 所示。

第二步,沼气发酵产气后,沼气集中到贮气间。随着沼气的产生,沼气的压力不断增大,把发酵间中料液逐渐压到进料管和出料间,发酵间内液面逐渐下降,进料间和出料间液面不断升高,使进料管和出料间的液面高于发酵间液面,产生一个水位差,这个水位差也就是沼气压力表上显示的数值,如图 4-2b 所示。沼气压力达到一定程度时,就可以从导气管输送出供使用。

第三步,当打开开关使用沼气时,沼气在水压作用下排出,随着不断使用沼气逐渐减少,贮气间的沼气压力下降,进料间和出料间的液体因贮气间的压力下降流回贮气间,使水位差不断下降,导致沼气压力也随之相应降低,如图 4-2c 所示。

如果长时间没有使用沼气或沼气产量太大,产生的沼气会超过沼气池的最大贮气量,这时沼气会从进料间或出料间漏出。

二、农村沼气池的类型

各种有机质通过微生物的作用，进行厌氧发酵人工制取沼气的密闭装置在我国被称为沼气池，它是生态家园的基础和核心。在设计上力求简易、实用、高效、易管，在修建上保证不漏水、不漏气。

在我国，沼气经过100多年的发展历程，形成了各种各样的沼气池。按贮气方式，有水压式、浮罩式和气袋式三大类；按几何形状，有圆筒形、球形、椭球形等多种形状；按发酵机制，有常规型、污泥滞留型和附着膜型三大类；按埋设位置，有地下式、半埋式和地上式三大类；按建池材料，有砖结构池、石结构池、混凝土结构池、钢筋混凝土结构池、玻璃钢池、塑料池和钢丝网水泥池等；按发酵温度，有常温发酵池、中温发酵池和高温发酵池。下面介绍常用的农村沼气池。

（一）曲流布料沼气池

1. 主要结构特点　曲流布料沼气池是在“圆、小、浅”圆筒形沼气池的基础上，经过优化而设计出的较为先进的沼气池。池子的发酵间内设置布料板，原料进入池内由布料板进行布料，形成多路曲流，增加原料的扩散面，充分发挥池容负载能力，提高池容产气率。曲流布料沼气池分为A型、B型、C型等系列。

A型池结构如图4-3所示，池底由进料口向出料口倾斜，池底部最低点设在出料间底部。在倾斜扇形池底的作用下，形成一定的流动推力，利用流动推力形成扇形布料，实现发酵池进料和出料自流，可以不必打开活动盖从出料间全部取出料液，方便出料，适用于一般农户。

B型池如图4-4所示，设有中心进、出料管和塞流板。中心管有利于从主池中心部位抽出或加入原料；塞流板有利于控制原料在池底的流速和滞留时间，同时起固菌的作用。

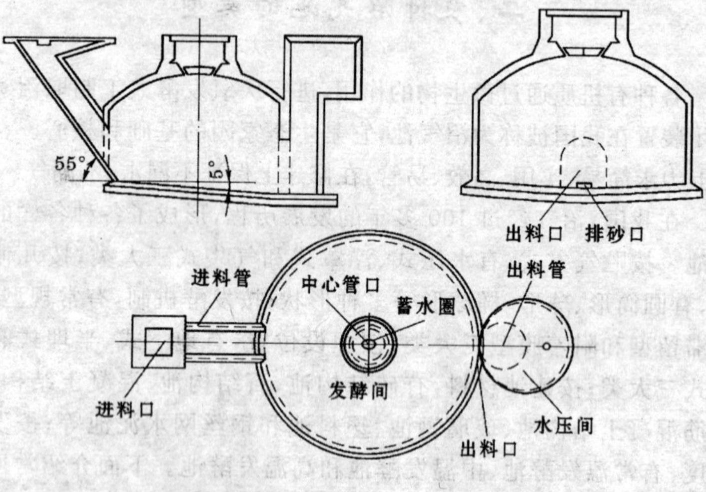

图 4-3 曲流布料 A 型池结构示意图

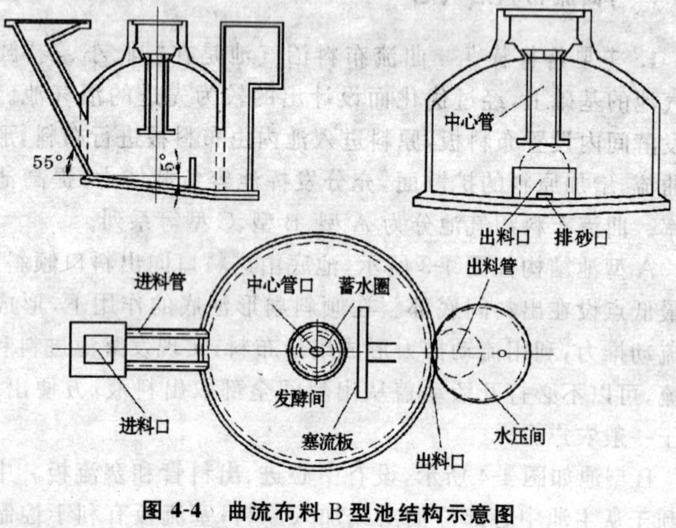

图 4-4 曲流布料 B 型池结构示意图

C型池结构如图 4-5 所示，设置中心破壳输气吊笼和原料预处理池，能提高池子的负荷能力。

B型和C型池适用于条件较好的养殖专业户、酿酒户或有环保要求的用户。

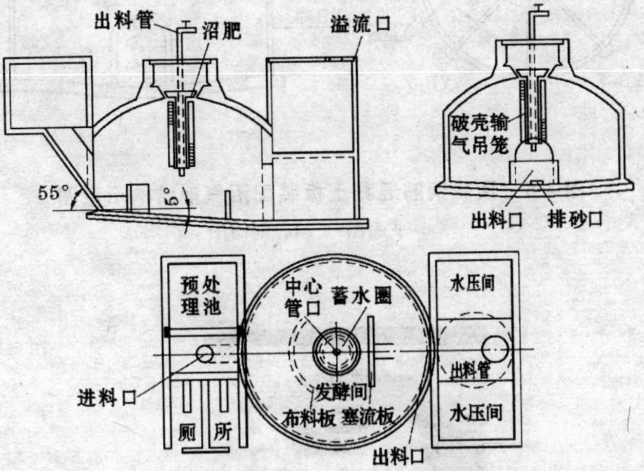

图 4-5　曲流布料C型池结构示意图

2. 工艺特点　①发酵原料主要为人、畜禽粪便。采用秸秆类原料时，需进预处理池。②采用连续、半连续发酵，发酵稳定，产气率较高，能耗低。③管理简单方便，容易操作。

（二）预制钢筋混凝土板装配沼气池

1. 主要特点　预制钢筋混凝土板装配沼气池是近年来在现浇沼气池和砖砌沼气池基础上发展起来的一种新的建池技术，即把池墙、池盖、进料管、出料管、水压间墙、各个管口和活动盖板等构件先做成钢筋混凝土预制件，运输到建池地点后，在大开挖的池坑内进行组装，结构如图 4-6 所示，实物如图 4-7 所示。

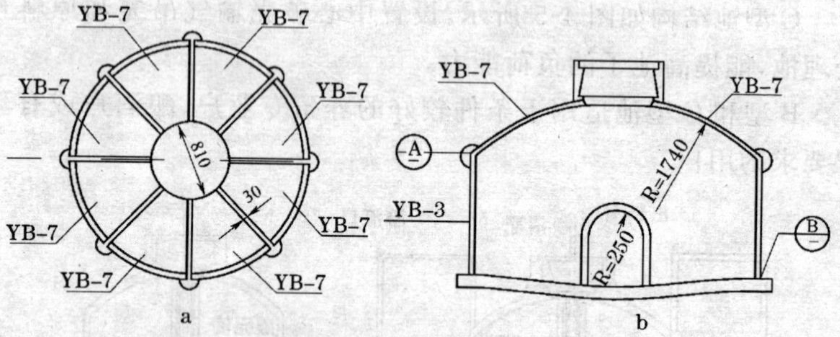

图 4-6　预制钢筋混凝土板装配沼气池结构示意图

a. 平面图　　b. 剖面图

图 4-7　预制钢筋混凝土板装配沼气池实物图

2. 优点　与现浇沼气池相比，工厂化、标准化、商品化程度较高，生产成本较低，建池工期较短，建池速度较快。

(三)圆筒形沼气池

圆筒形沼气池在我国出现较早，其结构简单，便于施工，性能好，适应性强，容易操作和管理，应用也比较普遍，结构见图 4-8。

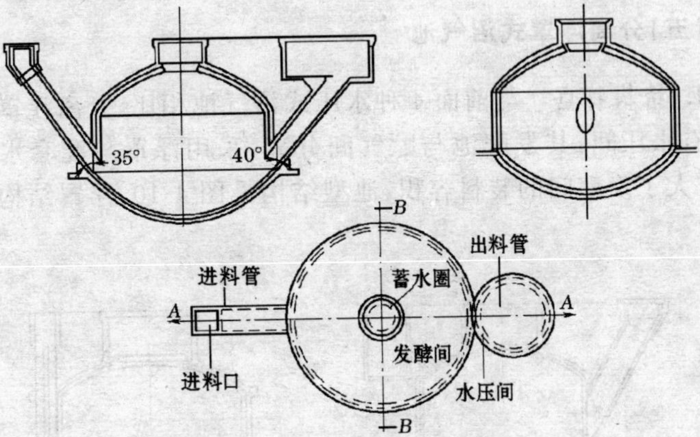

图 4-8　圆筒形沼气池结构示意图

(四)椭球形沼气池

椭球形沼气池,也称扁球形沼气池,是在圆筒形沼气池的基础上发展而来的,结构见图 4-9。这种沼气池埋置较浅,管理、使用方便。但施工较难,椭圆度不易掌握。

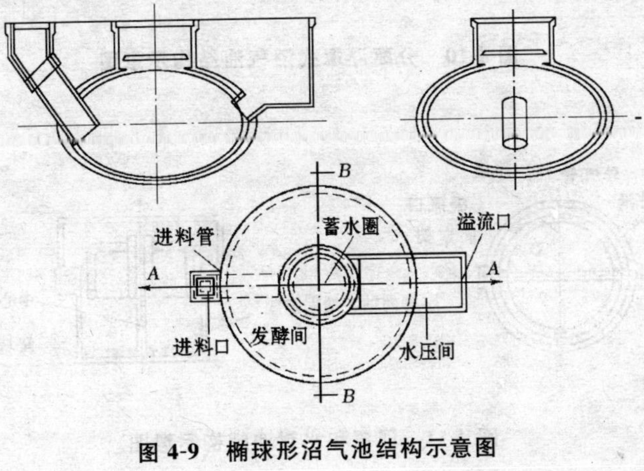

图 4-9　椭球形沼气池结构示意图

(五)分离浮罩式沼气池

1. 结构特点 与前面4种水压式沼气池相比,分离浮罩沼气池没有水压间,其发酵池与贮气间分离,采用浮罩与配套水封贮气,扩大了发酵间的装料容积,池型结构见图4-10,浮罩结构见图4-11。

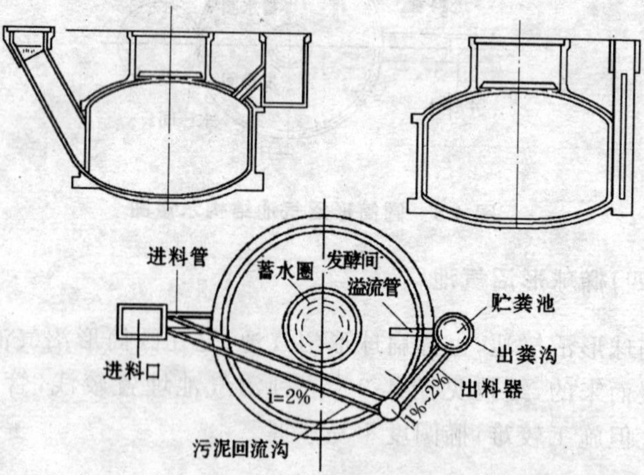

图4-10 分离浮罩式沼气池结构示意图

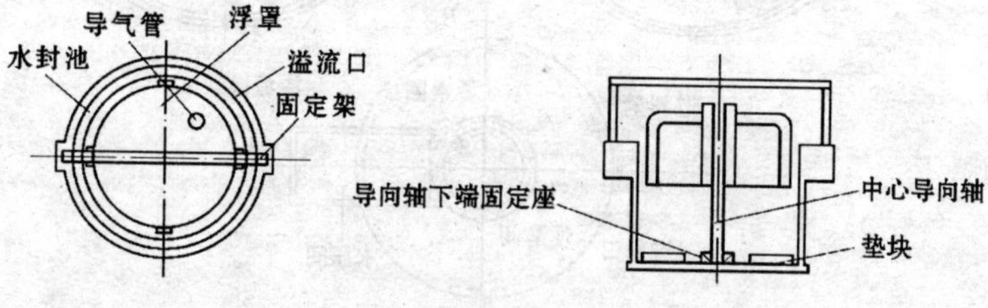

图4-11 浮罩和水封池结构示意图

2. 工艺特点　分离浮罩式沼气池的发酵原料从上流式厌氧池底部进入，经过发酵产气后，料液从上部通过溢流管进入溢流池，发酵间内的渣可以通过提搅器或门阀排入溢流池中，部分可以回流到进料管，起搅拌和回流菌种（污泥）的作用，以在沼气池内保留较多的高活性微生物，并且能够使微生物分布均匀，与原料充分接触，提高发酵效率。其主要特点为：采用接触发酵工艺，产气率高，池容产气率平均为 0.15～0.3 米^3/(米^3 · 天)；采用溢流管出上清液、出料搅拌器抽渣的方法，出料方便，不需每年大换料；采用菌种（污泥）回流技术，保持发酵间内较高的微生物量；采用浮罩贮气，气压较低且变化小。

（六）玻璃钢沼气池

1. 构造　玻璃钢沼气池主体一般为球形或扁球形，用使用寿命长的玻璃纤维、聚酯不饱和树脂等为原料，按预先制作的部件模具分别生产沼气池的各个结构部件，通过螺栓固定和树脂黏结的方法，组装各个部件，形成完整的玻璃钢沼气池。玻璃钢沼气池如图 4-12 所示。

图 4-12　玻璃钢沼气池

2. 特点和优点　①玻璃钢材料抗弯、抗压强度高，抗冲击、耐腐蚀性能好；②玻璃钢沼气池密封性能优越；③玻璃钢沼气池质量轻，运输方便，特别适用于交通不便缺乏建池原料的地区；④商品化、标准化程度高，建池方便、可靠，建池周期短，降低建池劳动强度；⑤玻璃钢易于制成其他材料很难制作的各种复杂形状，较有利于沼气池形结构的设计；⑥玻璃钢材料导热系数极低，有利于沼气池的保温。

3. 缺点　①玻璃钢生产原材料成本高，沼气池销售价格较高。②玻璃钢沼气池生产工艺简单，可以进行工厂化生产。但目前由于主要采用手糊工艺生产，难于实现机械化生产；受工人素质和责任心的影响，产品质量很难达到一致。③玻璃钢材料不容易被自然降解，也不能回收再利用，对环境有影响。

（七）旋流布料沼气池

旋流布料自动循环沼气池由进料口、进料管、发酵间、贮气室、活动盖、水压酸化间、旋流布料墙、单向阀、抽渣管、活塞、导气管、出料通道等部分组成。根据料液循环方式的不同，分为旋流布料自动循环沼气池（图 4-13）和旋流布料强制循环沼气池。该池型将菌种自动回流、自动破壳与清渣、微生物富集增殖、纤维性原料两步发酵、太阳能自动增温、消除发酵盲区和料液“短路”等新技术优化组装配套，利用沼气产气动力和动态连续发酵工艺，实现了自动循环、自动搅拌等高效运行状态，解决了静态不连续发酵沼气发酵装置存在的技术问题。

三、建筑材料

在修建沼气池时，建池材料选择和使用得是否恰当，直接关系到建池质量、使用寿命和建池费用等。了解各种建池材料的性能和用法，对修建高质量的沼气池至关重要。

（一）材料种类及其特性

1. 水泥　水泥是一种水硬性的胶凝材料，当其与水混合后，其物理化学性质发生变化，由浆状或可塑状逐渐凝结，进而硬化为具有一定硬度和强度的整体。因此，要正确合理地使用水泥，必须掌握水泥的各种特性和硬化规律。

（1）水泥种类和特性　目前我国生产的水泥品种达 30 多种，

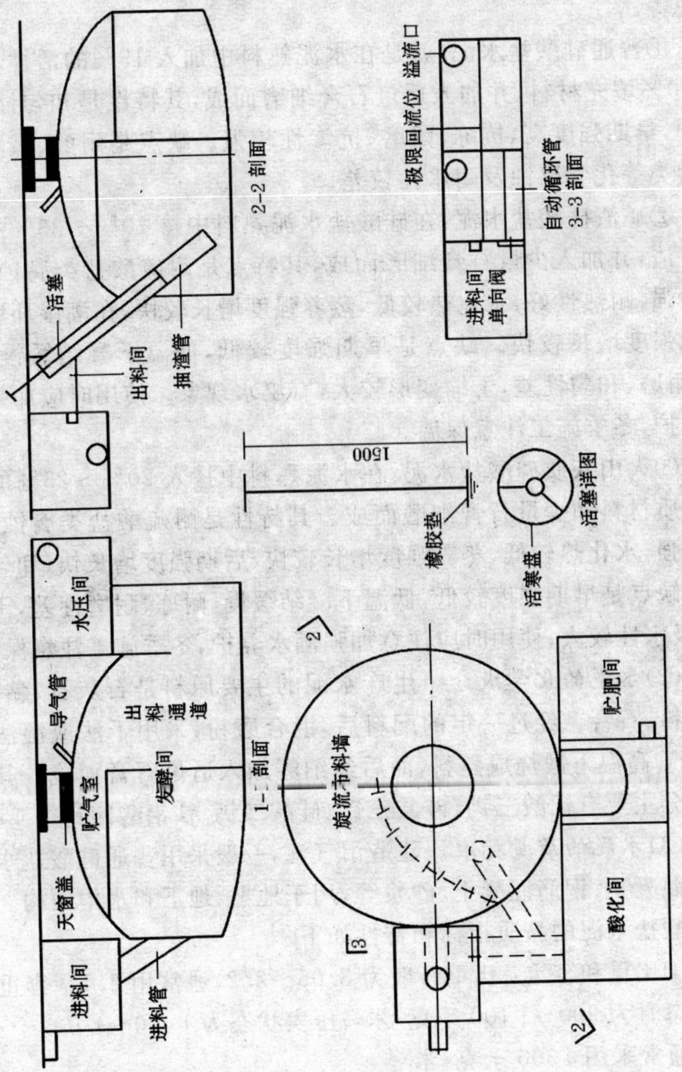

图 4-13　旋流布料自动循环沼气结构示意图

建池用水泥为普通硅酸盐水泥、矿渣硅酸盐水泥、火山灰质硅酸盐水泥等。

①普通硅酸盐水泥：就是在水泥熟料中加入15%的活性材料和10%填充材料，并加入适量石膏细磨而成，其特性是和匀性好，快硬，早期强度高，抗冻、耐磨、抗渗性较强。缺点是耐酸、碱和硫酸盐类等化学腐蚀及耐水性较差。

②矿渣硅酸盐水泥：在硅酸盐水泥熟料中掺20%～35%的高炉矿渣，并加入少量石膏细磨而成，其特点是耐硫酸盐类腐蚀，耐水性强，耐热性好，水化热较低，蒸养强度增长较快，在潮湿环境的后期强度增长较快。缺点是早期强度较低，低温下凝结缓慢，耐冻、耐磨、和匀性差，干缩变形较大，有泌水现象。使用时应加强洒水养护，冬季施工注意保温。

③火山灰质硅酸盐水泥：在水泥熟料中掺入20%～25%的火山灰质材料和少量石膏细磨而成。其特性是耐硫酸盐类腐蚀，耐水性强，水化热较低，蒸养强度增长较快，后期强度增长快，和匀性好。缺点是早期强度较低，低温下凝结缓慢，耐冻、耐磨性差，干缩性、吸水性较大；使用时应注意加强洒水养护，冬季施工注意保温。

（2）水泥的化学成分　生产水泥的主要原料是石灰石、黏土、铁矿粉、石膏。经过一定的配料后，混合磨粉，采用干法或湿法在1 400℃高温下锻烧成熟料，而后经细磨加入适量石膏而成。其矿物成分主要有铝酸三钙、硅酸三钙、硅酸二钙、铁铝酸四钙等4种。

（3）水泥的质量标准　建造沼气池，一般采用普通硅酸盐水泥配制混凝土、钢筋混凝土、砂浆等，用于地上、地下和水中结构。普通硅酸盐水泥的品质指标和特性如下。

①比重和容重：比重一般为3.05～3.2，通常用3.1。容重松散状态时为900～1 100千克/米^3；压实状态为1 400～1 700千克/米^3，通常采用1 300千克/米^3。

②细度：水泥的细度是指水泥颗粒的粗细程度，它影响水泥的

凝结速度与硬化速度，水泥颗粒越细，凝结硬化越快，早期强度也越高。水泥的细度按国家标准，通过标准筛（4 900 孔/厘米^2）的筛余最多不得超过 15%。

③凝结时间：为了保证有足够的施工时间，又要施工后尽快地硬化，普通水泥应有合理的凝结时间。水泥凝结时间可分为初凝和终凝，初凝是指水泥从加水拌和开始到由可塑性的水泥浆变稠并失去塑性所需的时间，终凝是指水泥从加水开始到凝结完成所需要的时间。国家标准规定初凝不得早于 45 分钟，终凝不得迟于 12 小时。目前，我国生产的水泥初凝时间是 1～3 小时，终凝时间是 5～8 小时。

④强度：强度是确定水泥标号的指标，也是选用水泥的主要依据。水泥强度的测定方法是用标准试块（40 毫米×40 毫米×40 毫米）在标准条件（20℃±3℃、相对湿度>90%）下 28 天的极限抗压强度。一般水泥强度的增强，3 天和 7 天发展很快，28 天的强度接近最大值。常用的 3 种水泥强度增长和时间的关系见表 4-1，供使用时参考。

⑤安定性：安定性是指水泥在硬化过程中体积变化均匀和不产生龟裂的性质。安定性不良的水泥会在后期使已硬化的水泥产生裂缝或完全破坏，影响工程质量。体积安定性不良的水泥主要是有过多的游离氧化钙、氧化镁或石膏。一般水泥出炉后 45 天方可使用。

⑥水泥的硬化：水泥加水变成水泥浆后，便发生化学反应和物理作用，并逐渐变硬变成水泥石，这就是水泥的硬化。水泥的硬化可以延续到几个月，甚至几年。水泥在凝固和硬化过程中，要放出一定的热量，潮湿环境对水泥的硬化是有利的，水泥在水中的硬化强度比在空气中的硬化强度要大。因此，在工程上常利用这一性质进行养护，比如加盖稻草垫喷水养护。

表 4-1　水泥强度增长与时间的关系

水泥品种	水泥标号	抗压强度(兆帕)			抗拉强度(兆帕)		
		3天	7天	28天	3天	7天	28天
普通硅酸盐水泥	225	—	12.75	22.06	—	—	—
	275	—	15.69	26.97	—	—	—
	325	11.77	18.63	31.87	2.45	2.63	5.39
	425	15.69	24.52	41.68	3.33	4.51	6.28
	525	20.59	31.38	51.48	4.12	5.30	7.06
	625	26.48	40.21	61.29	4.09	6.08	7.84
矿渣硅酸盐水泥 火山灰硅酸盐水泥	225	—	10.79	22.06	—	2.45	4.41
	275	—	12.75	26.97	—	2.75	4.09
	325	—	14.71	31.87	—	3.24	5.39
	425	—	20.59	41.68	—	4.12	6.28
	525	—	28.44	51.48	—	4.90	7.06

⑦需水量：水泥水化时所需水量一般为24%～30%，为了满足施工需要，通常用水量一般超出水泥水化需水量的2～3倍。但必须严格控制水灰比。尤其不能随意加水，过多加水会引起胶凝物质流失，水分蒸发后，在水泥硬化后的块体中会形成空隙，使其强度大为降低。在空气中，水分从水泥块中蒸发出来，引起水泥块收缩变形，并出现纤维状裂缝，使其强度进一步降低。

⑧水泥的保管：水泥在贮存中，能与周围空气中的水蒸气和二氧化碳作用，使颗粒表面逐渐水化和碳酸化。因此，在运输时应注意防水、防潮，并贮存在干燥、通风的库房中，不能直接接触地面堆放，应在地面上铺放木板和防潮物，堆码高度以10袋为宜。水泥的强度随贮存时间的增长而逐渐下降，一般正常贮存3个月，约下降20%，6个月下降30%，1年下降40%。建池时，必须购买新

鲜水泥，随购随用，不能用结块水泥。

2. 石子　石子是配制混凝土的粗骨料，有碎石、卵石之分。碎石是由天然岩石或卵石经破碎、筛分而得的粒径大于5毫米的岩石颗粒，具有不规则的形状，以接近立方体者为好，颗粒有棱角，表面粗糙，与水泥胶结力强，但空隙率较大，所需填充空隙的水泥砂浆较多。碎石的容重为1 400～1 500千克/米^3。建小型沼气池采用细石子，最大粒径不得超过20毫米。因为沼气池池壁厚度为40～50毫米，石子最大粒径不得超过壁厚的1/2。碎石要洗干净，不得混入灰土和其他杂质。风化的碎石不宜使用。

3. 砂子　砂子是天然岩石经自然风化、逐渐崩裂形成的，粒径在5毫米以下的岩石颗粒称为天然砂。按其来源不同，天然砂分为河砂、海砂、山砂等；按颗粒大小分为粗砂（平均粒径在0.5毫米以上）、中砂（平均粒径为0.35～0.5毫米）、细砂（平均粒径为0.25～0.35毫米）和特细砂（平均粒径在0.25毫米以下）4种。

砂子是砂浆中的骨料，混凝土中的细骨料。砂颗粒愈细，而填充砂粒间空隙和包裹砂粒表面以薄膜的水泥浆愈多，需用较多的水泥。配制混凝土的砂子，一般以采用中砂或粗砂比较适合。特细砂亦可使用，但水泥用量要增加10%左右。天然砂具有较好的天然连续级配，其容重一般为1500～1 600千克/米^3，空隙率一般为37%～41%。

建造沼气池宜选用中砂，因为中砂颗粒级配好。级配好就是有大有小，大小颗粒搭配得好，咬接得牢，空隙小，既节省水泥，强度又高。沼气池是地下构筑物，要求防水防渗，对砂子的质量要求质地坚硬、洁净，泥土含量不超过3%，云母允许含量在0.5%以下，不含柴草等有机物和塑料等杂物。

4. 钢筋　一般50立方米以下的农村户用沼气池可不配置钢筋，但在地基承载力差或土质松紧不匀的地方建池需要配置一定数量的钢筋，同时天窗口顶盖、水压间盖板也需要部分钢筋。常用的钢筋，按化学成分划分，有碳素钢和普通低合金钢2类。按强度可划分为I～V级，建池中常用I级钢筋。I级钢筋又称3号钢，直径为4～40毫米。其受拉、受压强度约为240兆帕。混凝土中使用的钢筋应清除油污、铁锈并矫正后使用。钢筋的弯、折和末端的弯钩应按净空直径不小于钢筋直径2.5倍制作180°的圆弧弯曲。

5. 水　拌制混凝土、砂浆以及养护用的水，要用干净、清洁的中性水，不能用酸性或碱性水。

(二)混凝土

建造沼气池的混凝土是以水泥为胶凝材料，石子为粗骨料，砂子为细骨料，与水按适当比例配合、拌制成混合物，经一定的时间硬化而成的人造石材。在混凝土中，砂、石起骨架作用，称为骨料，水泥与水形成水泥浆，包在骨料表面并填充其空隙。硬化前，水泥浆起润滑作用，使混合物具有一定的流动性，便于施工；水泥砂浆硬化后，将骨料胶结成一个结实的整体。

混凝土具有较高的抗压能力，但抗拉能力很弱。因此，通常在混凝土构件的受拉断面设置钢筋，以承受拉力。凡没有加钢筋的混凝土称素混凝土，加有钢筋的混凝土称钢筋混凝土。混凝土除抗压强度高、耐久性良好的特点外，其耐磨、耐热、耐侵蚀的性能都比较好，加之新拌和的混凝土具有可塑性，能够随模板制成所需要的各种复杂的形状和断面。所以，农村沼气池和沼气工程大都采用混凝土现浇施工或砖混组合施工。

1. 混凝土的组成与分类

(1)混凝土的组成

① 水泥：混凝土强度的产生主要是水泥硬化的结果。水泥标号由要求的混凝土标号来选择，一般应为混凝土标号的2～3倍，修建沼气池一般选用425号普通硅酸盐水泥。

②骨料：石子的最大颗粒尺寸不得超过结构截面最小尺寸的

1/4，有钢筋时最大粒径不得大于钢筋间最小净距离的 3/4。对于厚度为 10 厘米和小于 10 厘米混凝土板、沼气池盖，可允许采用一部分最大粒径达 1/2 板厚的骨料，但数量不得超过 25%。砂子用于填充石子之间的空隙，一般宜选用粗砂。粗砂总数面积小，拌制混凝土比用细砂节省水泥。混凝土砂石之间的空隙是由水泥填充的，为了达到节约水泥和提高强度的目的，应尽量减少砂石之间的空隙，这就需要良好的砂石级配。在拌制混凝土时，砂石中应含有较多的粗砂，并以适当的中砂和细砂填充其中的空隙。优良的砂石级配不仅水泥用量少，而且可以提高混凝土的密实性和强度。

③水：拌制混凝土、砂浆以及养护用水要用饮用的水。不能用含有有机酸和无机酸的地下水和其他废水，因为各种酸类对混凝土都有不同程度的腐蚀作用。

④外加剂：混凝土的外加剂也称外掺剂或附加剂，它是指除组成混凝土的各种原材料之外，另外加入的材料。目前，在混凝土中使用的外加剂有减水剂、早强剂、防水剂、密实剂等。

第一，减水剂。减水剂是一种有机化合物外加剂，又称水泥分散剂，过去也叫塑化剂。它能明显减少混凝土拌和水，这对降低混凝土水灰比、提高强度和耐久性有很大好处。在混凝土中使用减水剂后，一般可以取得以下效果：一是在水泥用量不变、坍落度基本一致的情况下，可以减少拌和水 10%～15%，提高混凝土强度 15%～20%。二是在保持用水量不变的情况下，坍落度可以增大 100～200 毫米。三是在保持混凝土强度不变的情况下，一般可节约水泥 10%～15%。四是混凝土抗渗能力大大改善，透水性降低 40%～80%。

常用的减水剂为木质素磺酸钙，也称木钙粉，其水泥减少率为 10%～15%。单独使用时适宜掺入量为水泥用量的 0.25%左右。这种减水剂价格低廉，还可以和早强剂、加气剂等复合使用，效果很好。

第二，早强剂。用以加速混凝土的硬化过程，提高混凝土早期强度的外加剂叫早强剂。常用的早强剂有减水早强复合剂、氯化钙、氯化钠、盐酸、漂白粉等。在素混凝土和砂浆中常用的早强剂是氯化钙和氯化钠。氯化钙的掺用量一般为水泥质量的1%～2%。掺量过多，混凝土早、后期强度和抗蚀性都有所降低。在0℃条件下掺入氯化钙，必须同氯化钠同时使用。氯化钠的掺入量一般为水泥质量的2%～3%。使用时，氯化钙和氯化钠都须先配成溶液，然后同水混合后倒入混凝土拌和料中。

第三，防水剂。常用的防水剂为三氯化铁，其掺入量为水泥质量的1%，可以增加混凝土的密实性，提高抗渗性，对水泥具有一定的促凝作用，且可提高强度。

第四，密实剂。常用的密实剂为三乙醇铵，它是一种有机化学品，吸水、无臭、不燃烧、不腐化、呈碱性，能吸收空气中的二氧化碳，对钠、镁、镍不腐蚀，对铜、铝及合金腐蚀较快。单独使用三乙醇铵效果不明显，加食盐、亚硝酸钠后效果显著。三乙醇铵的掺入量为水泥质量的0.05%，掺入后，可在混凝土内形成胶状悬浮颗粒，以堵塞混凝土内毛细管通路，提高密实性。

(2)混凝土的分类　混凝土的品种很多，它们的性能和用途也各不相同，因此分类方法也很多，通常按质量密度，分为特重混凝土、重混凝土、轻混凝土、特轻混凝土等。

①特重混凝土：质量密度＞2 500千克/米^3，是用特别密实和重的骨料制成，主要用于原子能工程的屏蔽结构，具有防X和γ射线的性能。

②重混凝土：质量密度1 900～2 500千克/米^3，是用天然砂石作骨料制成的。主要用于各种承重结构。重混凝土也称为普通混凝土。

③轻混凝土：质量密度＜1 900千克/米^3，其中包括质量密度为800～1900千克/米^{3}的轻骨料混凝土(采用火山淹浮石、多孔

凝灰岩、黏土陶粒等轻骨料）和质量密度为 500 千克/米³ 以上的多孔混凝土（如泡沫混凝土、加气混凝土等）。主要用于承重和承重隔热结构。

④特轻混凝土：质量密度在 500 千克/米³ 以下，包括多孔混凝土和用特轻骨料（如膨胀珍珠岩、膨胀蛭石、泡沫塑料等）制成的轻骨料混凝土，主要用作保温隔热材料。

2. 影响混凝土性能的主要因素

（1）强度　混凝土的强度主要包括抗压、抗拉、抗剪等强度。一般情况下，大都采用混凝土的抗压强度评定混凝土的质量。

混凝土抗压强度以强度等级表示，常用的强度等级有：C7.5、C10、C15、C20、C25、C30、C35、C40、C45、C50、C55、C60 等。基础、地坪常用 C7.5、C10 号混凝土，梁、板、柱和沼气池用 C15 号以上混凝土。混凝土标号与抗压强度对照见表 4-2。

表 4-2　混凝土标号与抗压强度关系

混凝土标号	C7.5	C10	C15	C20	C25	C30	C40	C50	C60
抗压强度（兆帕）	7.35	9.81	14.71	19.61	24.52	29.42	39.23	49.03	58.84

混凝土的抗压强度与水泥标号、水灰比、骨料强度及级配、砂石比率及硬化时的温度、湿度、龄期、捣固密实程度均有很大关系。

①与水泥标号、水灰比的关系：水泥标号和水灰比是影响混凝土强度的主要因素，当其他条件相同时，水泥标号愈高，则混凝土强度愈高；水灰比愈大，则混凝土强度愈低。

②与密实程度的关系：浇注混凝土时，必须充分捣实，才能得到密实而坚硬的混凝土，同样的混凝土拌和物，用机械振捣比人工振捣的质量高。因此，有条件的地方尽量采用机械振捣。

③与养护时间的关系：普通混凝土在无外加剂和标准养护条件下，其强度的增长是初期快，后期缓慢。

④ 与养护温、湿度的关系：水泥硬化时，在水分充足的情况下，温度愈高，混凝土强度发展愈快；当水分不足，温度高时，混凝土强度发展缓慢，甚至停止。当混凝土的养护温度降低时，强度发展变慢，到0℃时，硬化不但停止，还可能因结冰膨胀等致使混凝土强度降低或破坏。

混凝土除有抗压强度外，还有抗拉、抗弯、抗剪强度。抗拉强度为抗压强度的1/20～1/5。混凝土的强度因受材料的质量、配制比例、拌和、浇捣、养护等一系列因素影响，所以强度应比混凝土设计标号高10%～15%。

(2)和易性　和易性是指混凝土混合物能保持混凝土成分的均匀、不发生离析现象，便于施工操作(拌和、浇注、捣实)的性能。和易性包括流动性(坍落度)、黏聚性和保水性。

和易性好的混凝土拌和物，易于搅拌均匀；浇注时不发生离析、泌水现象；捣实时有一定的流动性，易于充满模板，也易于捣实，使混凝土内部质地均匀致密，强度和耐久性得到保证。

(3)水灰比　混凝土中用水量与用水泥量之比，称水灰比，用W/C表示。水灰比的大小，直接影响混凝土的和易性、强度和密实度。在水泥用量相同的情况下，混凝土的标号随水灰比的增大而降低。水灰比越大，混凝土标号越低，密实度也降低。因为水泥水化时所需的结合水一般只占水泥质量的25%左右，但在拌制混凝土时为了获得必要的流动性，加水量一般占水泥质量的40%～70%。混凝土硬化后，多余的水分就残留在混凝土中形成水泡或蒸发出来形成气孔，影响混凝土的强度和密实度。因此，水灰比愈小，水泥与骨料黏结力愈大，混凝土强度愈高。但水灰比过小时，混凝土过于干硬，无法捣实成型，混凝土中将出现较多蜂窝、孔洞，强度也将降低，耐久性不好。因此，在满足施工和易性的条件下，降低水灰比，可以提高强度和密实度、抗渗性和不透气性。根据水泥、混凝土标号和骨料的不同，按经验常数，其水灰比可参考表4-3。

表 4-3　混凝土水灰比参考

混凝土标号	水泥标号	水灰比(W/C)	
		碎　石	卵　石
C15	325	06.2～0.65	0.59～0.63
C20	325	0.51～0.53	048～0.52
C30	425	0.46～0.49	0.44～0.48
C40	425	0.37～0.41	0.35～0.41

3. 混凝土的配合比 混凝土的配合比是指混凝土中各种组成材料的数量比例，用水泥：石：砂：水表示，以水泥为基数 1。农村沼气池用钢模整体现浇混凝土工艺建池时，一般采用人工拌制和捣固的方法，在有振动设备的情况下，也采用机械振捣的方法；用砖混组合工艺建池时，一般采用人工拌制和捣固的方法，其混凝土设计标号为 C15～C20，建池时，应根据混凝土选材要求，参考下列配料表进行配料：

人工拌制和捣固的普通混凝土配合比见表 4-4。

机械振捣的普通混凝土配合比见表 4-5 和表 4-6。

表 4-4　人工拌制和捣固的普通混凝土参考配合比

混凝土标号	水泥标号	卵石料径(厘米)	水灰比	砂率(%)	材料用量(千克/米³)				配合比(质量比)
					水 泥	中 砂	卵 石	水	水泥：中砂：卵石：水
C10	325	0.5～2	0.82	34	250	680	1320	180	1：3.09：6.00：0.82
C15	325	0.5～2	0.68	35	275	678	1260	187	1：2.46：4.59：0.68
C15	400	0.5～2	0.75	32	249	688	1276	187	1：2.76：5.21：0.75
C15	325	0.5～4	0.68	32	250	634	1346	170	1：2.53：5.38：0.68
C15	425	0.5～4	0.75	32	224	637	1354	175	1：2.72：5.79：0.75
C20	325	0.5～2	0.60	32.5	208	620	1287	185	1：2.01：4.18：0.60
C20	425	0.5～2	0.65	34	284	658	1273	185	1：2.32：4.48：0.65
C20	325	0.5～4	0.60	31	284	604	1342	170	1：2.13：4.73：0.60
C20	425	0.5～4	0.67	31.5	255	622	1352	171	1：2.44：5.30：0.67

表 4-5 机械振捣的中砂卵石混凝土参考配合比

混凝土标号	水泥标号	卵石料径（厘米）	水灰比	砂率（%）	坍落度（厘米）	材料用量（千克/米³）				配合比（质量比）
						水泥	中砂	卵石	水	水泥∶中砂∶卵石∶水
C15	325	0.5～2	0.60	27	0～1	263	548	1481	158	1∶2.08∶5.63∶0.60
C15	425	0.5～2	0.68	29	0～1	237	595	1457	161	1∶2.52∶6.15∶0.68
C15	325	0.5～2	0.06	29	2～4	280	575	1407	168	1∶2.05∶5.03∶0.60
C15	425	0.5～2	0.68	31	2～4	251	622	1386	171	1∶2.48∶2.52∶0.68
C15	325	0.5～2	0.60	31	5～7	290	606	1350	174	1∶2.09∶4.65∶0.60
C15	425	0.5～2	0.68	33	5～7	260	654	1329	177	1∶2.52∶5.11∶0.68
C20	325	0.5～2	0.52	26	0～1	300	518	1476	156	1∶1.73∶4.92∶0.52
C20	425	0.5～2	0.60	—	0～1	263	548	1481	158	1∶2.08∶5.63∶0.60
C20	325	0.5～2	0.52	28	2～4	319	545	1400	166	1∶1.71∶4.39∶0.52
C20	425	0.5～2	0.60	29	2～4	280	575	1407	168	1∶2.05∶5.03∶0.60
C20	325	0.5～2	0.52	30	5～7	311	575	1342	172	1∶1.74∶4.05∶0.52
C20	425	0.5～2	0.60	31	5～7	290	606	1350	174	1∶2.09∶4.86∶0.60

表 4-6 机械振捣的中砂碎石混凝土参考配合比

混凝土标号	水泥标号	卵石料径（厘米）	水灰比	砂率（%）	坍落度（厘米）	材料用量（千克/米³）				配合比（质量比）
						水泥	中砂	卵石	水	水泥∶中砂∶卵石∶水
C15	325	0.5～2	0.60	30	0～1	282	589	1 374	157	1∶2.09∶4.87∶0.62
C15	425	0.5～2	0.70	32	0～1	254	636	1352	178	1∶2.50∶5.32∶0.70
C15	325	0.5～2	0.62	32	2～4	298	613	1304	185	1∶2.06∶4.38∶0.62
C15	425	0.5～2	0.70	34	2～4	269	661	1282	188	1∶2.64∶4.77∶0.70
C15	325	0.5～2	0.62	34	5～7	308	643	1248	191	1∶2.09∶4.05∶0.62
C15	425	0.5～2	0.70	36	5～7	277	691	1228	194	1∶2.49∶4.43∶0.70
C20	325	0.5～2	0.53	29	0～1	326	557	1300	173	1∶1.71∶4.18∶0.53
C20	425	0.5～2	0.61	30	0～1	287	587	1371	175	1∶2.05∶4.78∶0.61
C20	325	0.5～2	0.53	31	2～4	345	580	1292	183	1∶1.68∶3.75∶0.53
C20	425	0.5～2	0.61	32	2～4	303	612	1300	185	1∶2.02∶4.29∶0.61
C20	325	0.5～2	0.53	33	5～7	357	609	1235	189	1∶1.71∶3.46∶0.53
C20	425	0.5～2	0.61	34	5～7	313	641	1250	191	1∶2.05∶3.98∶0.61

(三)砂　浆

砂浆是由水泥、砂子加水拌和而成的胶结材料,在砌筑工程中,用来把单个的砖块、石块或砌块组合成墙体,填充砌体空隙并把砌体胶结成一个整体,使之达到一定的强度和密实度。砌筑砂浆不仅可以把墙体上部的外力均匀地传布到下层,还可以阻止块体的滑动。

1. 砌筑砂浆　砌筑砂浆用于砖石砌体,其作用是将单个砖石胶结成为整体,使砌体能均匀传递荷载。

水泥选用标号高于砂浆标号 4～5 倍的普通水泥,每立方米砂浆的水泥用量最少为 80 千克。砂的最大粒径应小于砂浆厚度的 1/5～1/4,砌筑体使用中砂为宜,粒径不得大于 2.5 毫米。应选用洗净的砂子和洁净的水拌制砂浆。人工拌和水泥砂浆时,应先将水泥和砂子干拌 3 次,然后加水拌和 3 次,至颜色均匀为止。

砌筑沼气池的砂浆一般采用水泥砂浆,其组成材料的配合比见表 4-7。

表 4-7　砌筑砂浆配合比

种　类	砂浆标号	配合比（质量比）	材料用量（千克/米³）	
			325 号水泥	中　砂
水泥砂浆	M5.0	1∶7.0	180	1260
	M7.5	1∶5.6	243	1361
	M10.0	1∶4.8	301	1445

2. 抹面砂浆　抹面砂浆用于平整结构表面及保护结构体,并有密封和防水防渗作用,其配合比一般为 1∶2、1∶2.5、1∶3 和水灰比为 0.5～0.55 的水泥砂浆。沼气池抹面砂浆可掺用水玻璃、三氯化铁防水剂(3%)组成防水砂浆。农户沼气池抹面砂浆配合比见表 4-8。

表 4-8 抹面砂浆配合比

种 类	配合比（体积比）	1立方米砂浆材料用量		
		325号水泥（千克）	中砂（米^3）	水（米^3）
水泥砂浆	1∶1.0	812	0.680	0.359
	1∶2.0	517	0.866	0.349
	1∶2.5	438	0.916	0.347
	1∶3.0	379	0.953	0.345
	1∶3.5	335	0.981	0.344
	1∶4.0	300	1.03	0.343

3. 砂浆的性质 砂浆的性质决定于它的原料、密实程度、配合成分、硬化条件、龄期等。砂浆应具有良好的和易性，硬化后应具有一定的强度和黏结力，以及体积变化均匀的性质。

(1)流动性 流动性也叫稠度，是指砂浆的稀稠程度，是衡量砂浆在自重或外力作用下流动的性能。实验室中采用如图 4-14 的稠度计来进行测定。实验时，以稠度计的圆锥体沉入砂浆中的深度来表示稠度值。圆锥的质量规定为 300 克，按规定的方法将圆锥沉入砂浆中。

(2)保水性 保水性是衡量砂浆拌和后保持水分的能力，也指砂浆中各组成材料不易分离的性质。它是表示砂浆从搅拌机出料后，直至使用到砌体上为止的这一段时间内砂沉入的深度。

(3)强度 强度是砂浆的主要指标，其数值与砌体的强度有直接的关系，以抗压强度衡量。砂浆强度是以砂浆试块的强度测定的，试块就是将取样的砂浆浇注于尺寸为 7.07 厘米×7.07 厘米×7.07 厘米的立方体试模中，每组试块为 6 块，在标准条件下养护 28 天(养护温度为 20℃±3℃、相对湿度 70%)后，将试块送入压力机中试压而得到每块试块的强度，再求出 6 块试块的平均值，即为该组试块的强度值。常用的砂浆有 M 1、M 2.5、M 5、M 7.5、M 10 号。

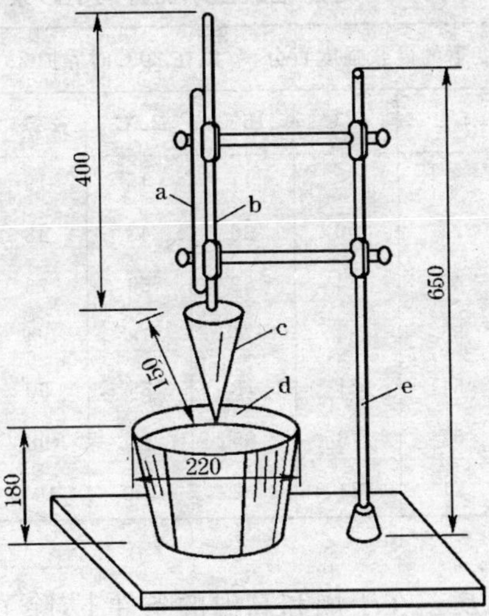

图 4-14 现场测定的简易法示意图 (单位:毫米)

a. 标尺 b. 滑杆

c. 圆锥 d. 灰桶 e. 台架

4. 影响砂浆性质的因素

(1)配合比 配合比指砂浆中各种原料的组合比例,应由施工技术人员提供,具体应用时应按规定的配合比严格计量,要求每种材料均经过磅秤才能进入搅拌机。水的加入量主要靠砂浆稠度要求来控制。

(2)原材料 原材料的各种技术性能是否符合要求,要经实验室鉴定。

(3)搅拌时间 一般要求砂浆在搅拌机内的搅拌时间不得少于 2 分钟。

(4)养护时间 在一定温度下砌到墙体内后要经过一段时间

后才能获得强度。养护时间、温度和砂浆强度的关系见表 4-9。

表 4-9　用 325 号、425 号普通硅酸盐水泥拌制的砂浆强度增长率

龄期（天）	不同温度下的砂浆强度百分率（以在 20℃时养护 28 天的强度 100%）							
	1℃	5℃	10℃	15℃	20℃	25℃	30℃	35℃
1	4	5	8	11	15	19	23	25
3	18	25	30	36	43	48	54	60
7	38	46	54	62	69	73	78	82
10	46	55	64	71	78	94	88	92
14	50	61	71	78	85	90	94	98
21	55	67	76	85	93	98	102	104
28	59	71	81	92	100	104	—	—

（5）养护的湿度　在干燥和高温的条件下，除了应充分拌匀砂浆和将砖充分浇水湿润外，还应对砌体适时浇水养护。

（四）密封涂料

沼气池结构体建成后，要在水泥砂浆基础密封的前提下，用密封涂料进行表面涂刷，封闭毛细孔，确保沼气池不漏水、不漏气。

对密封材料的要求是：密封性能好，耐腐蚀，耐磨损，黏结好，收缩量小，便于施工，成本低。常用的沼气池密封涂料种类如下。

1. 水泥掺和型　该类密封涂料采用高分子耐腐蚀树脂材料做成膜物，以水泥作增强剂配成的混合密封涂料。用该密封涂料涂刷沼气池，使全池以“硬质薄膜”包被，填充了水泥疏松网孔，又利用水泥高强度性能，使薄膜得以保护。用该密封剂制浆涂刷后，具有光亮坚硬、薄膜包被、密封性能高、黏结性强、耐腐蚀、无隔离层、使用简单、节约投资等特点。

2. 直接涂刷型　该类密封涂料无需配比，可直接用于沼气池

内表面涂刷，常用材料有硅酸钠，俗称水玻璃、泡花碱，具有较好的胶结能力，比重 1.38～1.40，模数 2.6～2.8。纯水泥浆、硅酸钠交替涂刷 3～5 遍即可。

3. 复合涂料　复合密封涂料具有防腐蚀、防漏、密封性能好的特点，能满足常温涂刷，24 小时固化，冬、夏季和南北方都能保持合适的黏流态。在严格保证抹灰和涂刷质量的前提下，可减少层次，节约水泥用量。

四、现浇混凝土沼气池施工准备

现浇混凝土沼气池施工准备包括规划、选型、选址、定容、放线、挖坑、校正等工序。

(一)户用沼气系统规划和选型

1. 系统规划

(1)对庭院设施进行合理规划　发展农村庭院沼气，要重视和解决好以沼气池为中心的发酵料液的前、后处理环节。前处理包括厕所、猪舍、沼气池三结合方式，北方还包括太阳能猪舍的设计及建造。后处理包括沼气池出料和沼肥的使用。通过对农户庭院设施的优化设计、合理布局，使建池农户拥有清洁的厨房、干净的浴室、卫生的厕所、无蚊蝇的猪圈、高效率的沼气池和排污系统，使庭院干净卫生、优美高雅。

(2)将沼气与主导产业组装配套　要实现庭院生态农业系统内部物质和能量的良性循环，必须通过肥料、饲料和燃料这 3 个枢纽，因而“三料”的转化途径是整个生态系统功能的关键环节。沼气发酵系统正好是实现“三料”转化的最佳途径，在生态农业中起着回收农业废弃物能量和物质的特殊作用。通过规划和建设，将变废为宝的沼气池变成连接农、林、牧、副、渔各业的纽带，使吨粮田、林果山、禽畜圈、水产池连成一片，实现无污染、无废料、“能量流、物质流、经济流”良性循环的生态农业体系。

(3)采用高效沼气发酵装置　适宜于农户应用的沼气池为《常用标准汇编》(二)(GB/T 4750-2002)中的池型(图 1-10-16-26 或附图 1 和图 2 等池型)。其中，曲流布料型沼气池和图 1 型等池型克服了静态发酵沼气池所产生的料液“短路”、不能保留高浓度活性微生物、新鲜原料和菌种不能充分接触、池内沉渣和结壳大量积累，造成池容产气率低，原料利用率低，出料困难等缺点，实现了自动循环、自动搅拌、自动破壳、自动增温、微生物成膜、消短除盲和两步发酵等动态发酵状态，产气量高，管理轻便，在发展农村庭院沼气时，应优先引进和采用。

2. 池型选择

(1)与工艺配套选型　庭院沼气池的选型与工艺选型密不可分。发酵工艺与池型往往是同时考虑、配套应用。池型的设计必须满足工艺的要求，以发酵工艺参数为依据。如因特殊原因，选定了池型，选用的发酵工艺也必须与池型相适应。

(2)根据用户情况选型

①普通用户：普通用户建池一般为解决生活用能、积肥和综合利用，原料大部分为人、畜粪便和秸秆。这种情况下，选用“三结合”式水压池即可。如原料多，以秸秆为主料发酵，也可选用分离浮罩式池型，配干发酵工艺或选用两步发酵池型，增设产酸池。

②养殖专业户：常年养猪户以猪粪为发酵主料，可选用组合式旋流布料自动循环沼气池，结合种植、养殖、加工业，建造厕所、太阳能畜禽舍和地下沼气池组合为一体的三位一体综合设施。养猪不多，还可以选用其他材质的小型高效沼气池。

③禽畜养殖场：这种情况下，以粪便为发酵原料，且有充足的料源，可选用高效连续发酵装置。如上流式厌氧污泥床反应器、厌氧过滤反应器等先进发酵装置。

(3)根据地域选型 寒冷地区宜选用地下池,并配套地面保温设施;水位高的地区可选建地上池、半地下池;南方地区气温高,可建地下池、半地下池、地上池等。

(4)根据技术水平选型 设计能力强、管理水平高,尽量选建较先进的池型,实行现代化管理。技术力量薄弱,应选用易操作管理的池型。

(5)根据综合因素选型 沼气池选型和工艺选型一样,不但要考虑单一因素,也要考虑多方面因素,要依建池成本、回收期、经济效益和社会效益等,因地制宜、因户制宜决定。遵循选型依据,紧密结合自己的实际情况,如原料的多少、场地的大小、建池目的等来选建符合农户条件和要求的池型。充分比较各种池型的利弊,远近结合,不要只顾眼前利益,忽视未来的发展。建多大池容、使用何种池型、建在何处都应反复比较,应根据农户的需要和条件,确定池型。在条件允许的情况下,应尽量选择便于进行综合利用的池型。

3. 参考模式 在系统规划和选型时,要以沼气为纽带,尽量构建和形成以下典型能源生态模式。

(1)南方"猪-沼-果"能源生态模式 南方"猪-沼-果"能源生态模式是以农户为基本单元,利用房前屋后的山地、水面、庭院等场地,主要建设畜禽舍、沼气池、果园等几部分,同时使沼气池建设与畜禽舍和厕所三结合,形成"养殖-沼气-种植"三位一体庭院经济格局,形成生态良性循环,增加农民收入。

(2)北方"四位一体"模式 北方"四位一体"能源生态模式是在农户庭院内建日光温室,在温室的一端地下建沼气池,沼气池上建猪圈和厕所,温室内种植蔬菜或水果。该模式以太阳能为动力,以沼气为纽带,种植业和养殖业相结合,形成生态良性循环,增加农民收入。

(3)西北"五配套"模式 西北"五配套"能源生态模式是由沼

气池、厕所、太阳能暖圈、水窖、果园灌溉设施等5个部分配套建设而成。沼气池是西北"五配套"能源生态模式的核心部分，通过高效沼气池的纽带作用，把农村生产用肥和生活用能有机结合起来，形成以牧促沼，以沼促果，果牧结合的良性生态循环系统。

4. 注意事项 ①重视和搞好以沼气池为核心的庭院设施系统规划和配套设计。②北方地区发展沼气一定要做好地面设施的保温增温设计和建设。

(二)户用沼气池定容和备料

1. 确定建池容积 沼气池容积是沼气池设计中的一个重要问题，应根据用户所拥有的发酵原料、所采用的发酵工艺和用气要求等因素确定。小型户用沼气池一般根据用气要求确定建池容积。满足一个农户全家人口生活用能的沼气池池容，可用下列公式计算：

$$V=V_1+V_2=V_1+0.15V_1=1.15V_1=1.15nkr$$

式中：V 为沼气池净空总容积（立方米）；V_1 为发酵间容积（立方米）；V_2 为贮气间容积（立方米），$V_2=0.15V_1$；n 为气温影响系数，南方取0.8～1，中部取1～1.2，北方取1.2～1.5；k 为人口影响系数，2～3口之家取1.8～1.4，4～7口之家取1.4～1.1；r 为每户人口数。

沼气池容积与人口的关系见表4-10。

表4-10 沼气池容积与人口的关系

沼气池容积（米^3）	6	8	10	12
每天可产沼气量（米^3）	1.2	1.6	2.0	2.4
可满足全家人口数（个）	3	3～5	4～6	5～7

2. 准备材料 建一个8立方米曲流布料沼气池，用现浇混凝土法建池，实际用料量为：425号普通硅酸盐水泥1 000千克左右，

中砂 1.5 立方米左右，5～20 毫米卵石 2.2 立方米左右，直径 6 毫米钢筋 5 千克左右(见表 4-11)。如遇到池坑浸水量大或土质松软的地方，建材用量应增加 10%～20%。

表 4-11　现浇混凝土曲流布料沼气池材料参考用量

容积(米³)	混凝土				池体抹灰			水泥素浆	合计材料用量		
	体积(米³)	水泥(千克)	中砂(米³)	碎石(米³)	体积(米³)	水泥(千克)	中砂(米³)	水泥(千克)	水泥(千克)	中砂(米³)	碎石(米³)
6	2.148	614	0.852	1.856	0.489	197	0.461	93	904	1.313	1.856
8	2.508	717	0.995	2.167	0.551	222	0.519	103	1042	1.514	2.167
10	3.956	845	1.172	2.553	0.658	265	0.620	120	1230	1.792	2.553

根据池型结构，确定施工工艺，准备建池所需的材料、模具和工具等。所选用的建池材料质量应符合本章第三部分的要求。

3. 注意事项　①修建沼气池的卵石要干净，含泥量不大于 2%，不含柴草等有机物和塑料等杂物。②砂子要求质地坚硬、洁净，泥土含量不超过 3%，云母允许含量在 0.5%以下，不含柴草等有机物和塑料等杂物。③不能用酸性或碱性水拌制混凝土、砂浆以及养护。④混凝土中使用的钢筋应清除油污、铁锈并矫直后使用。

(三)户用沼气池定位和放线

1. "三结合"　设计和建设根据农户庭院的方位、走向和布局，确定庭院沼气设施的建造位置。在沼气池与猪圈、厕所"三结合"的前提下，做到住房、猪栏、厕所、沼气池等科学规划，合理布局(图 4-15)。先建沼气池，后建猪圈和厕所，使人、畜粪便随时流入沼气池，以达到连续进料、冬季保温和美化优化庭院的目的。

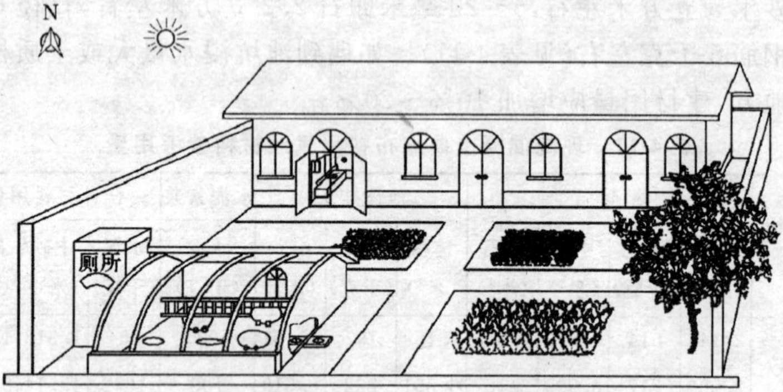

图 4-15　庭院“三结合”沼气系统布局图

2. 先确定地面设施方位，再确定沼气池位置　根据庭院沼气系统规划设计图纸，在选定的池坑区域地面上，画出畜禽圈和厕所的位置外框灰线(图 4-16)。在畜禽圈外框灰线内，确定沼气池中心位置，画进料口平面、发酵池平面、水压间平面三者的外框灰线。根据南北方的气候特征和生活习惯，北方庭院沼气系统放线时，应将水压间布局在畜禽圈内，将出料管和贮肥间布局在畜禽圈外；南方庭院沼气系统放线时，可将水压间、出料管和贮肥间布局在畜禽圈外，但要布局整齐、美观，与农户庭院的方位和走向一致。

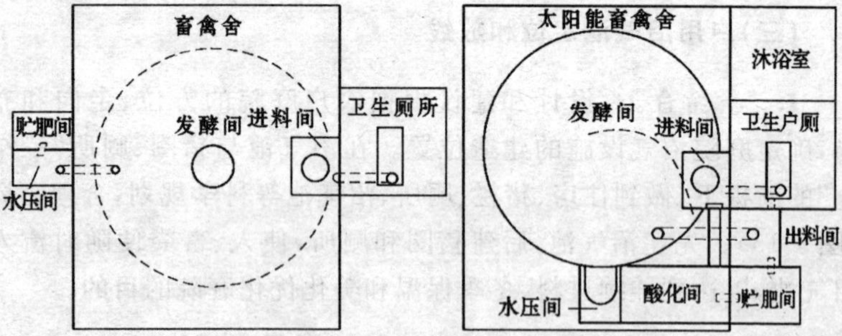

图 4-16　庭院沼气系统放线示意图

3. 确定沼气池中心点和标高基准点　在沼气池池坑尺寸线外 0.8 米左右处钉 4 根定位木桩，分别钉上钉子以便牵线，两线的交点便是圆筒形沼气池的中心点，该点可以在施工中随时校正池体的圆整性。选 1 个定位桩为标高基准桩，在其上标定±0.000 点，作为校正沼气池各部分垂直高度的基准点。

施工一户一池三改，按照上面说的办法进行定位，这只是解决平面位置的问题，在竖向则要进行空间定位，也就是要进行标高测定。标高的测定一般有 2 种方法：一种是利用周围地段现有的标高来测定标高；另一种是引进水准基点来测定标高。这 2 种方法都是依据新建筑附近的已知标高的建筑或水准基点来测定标高。如果距离较远，就要周折几次，将标高引至附近后，设置木桩或木尺为标志，并明确标示出新建筑±0.000 的标高线，以后找平时就以此为基准。

4. 放线施工　放线施工的目的，归纳起来就是按照施工图纸上的数据，定出一池三改各部位的施工尺寸。这些尺寸就是平面位置。从局部上讲，就是定出基础施工尺寸，这些尺寸就是平面位置与竖向标高。在放线施工中，基础放线是关键。基础放线施工有 3 项工作，即轴线控制、基槽标高测定、把轴线和标高引入基础。

(四)户用沼气池土方和基础施工

1. 池坑开挖　沼气池池坑开挖时，首先要按设计图纸尺寸(图 4-17，表 4-12，表 4-13)定位放线，放线尺寸为：池身外包尺寸+2 倍操作现场尺寸+2 倍放坡尺寸。当定位灰线画好后，在灰线外四角离灰线约 1 米处钉 4 根定位木桩，作为沼气池施工时的控制桩。在对角木桩之间拉上连线，其交点作为沼气池的中心。沼气池尺寸以中线挂线为基准，施工时随时校验。

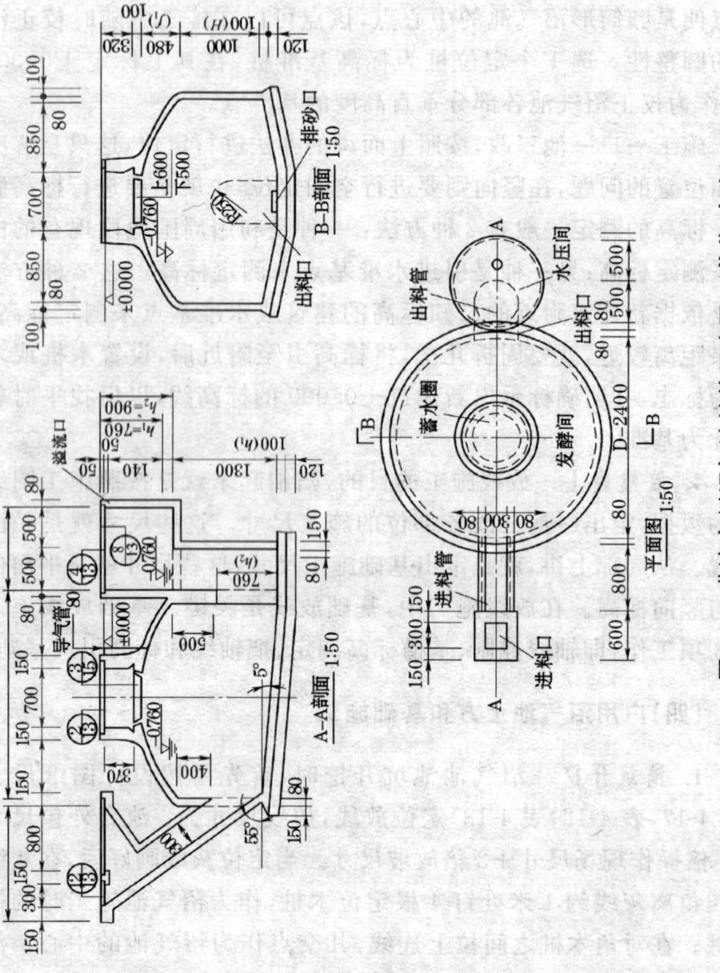

图4-17 曲流布料沼气池结构示意图（单位:毫米）

表 4-12　曲流布料沼气池结构尺寸

主池容积(米^3)	6	8	10
主池直径 D(毫米)	2400	2700	3000
主池矢高(毫米)	480	540	600
出料管高度 A(毫米)	1300	1340	1380
出料口高度 h2(毫米)	800	840	880

表 4-13　曲流布料沼气池水压间尺寸

主体容积(米^3)	6			8			10		
产气率[米^3/(米^3·天)]	0.2	0.3	0.4	0.2	0.3	0.4	0.2	0.3	0.4
水压间有效容积(米^3)	0.6	0.9	1.2	0.8	1.2	1.6	1.0	1.5	2.0
水压间直径 d(毫米)	1000	1200	1400	1160	1400	1600	1300	1600	1800

关于放坡尺寸，可根据不同土质确定挖方最大坡度：当土层具有天然湿度，构造均匀，水文地质条件良好，在无地下水时，深度在 5 米以内，不加支撑的基坑，可分别确定边坡坡度(高：宽)为砂土 1∶1，亚砂土 1∶0.67，亚黏土 1∶0.5，黏土 1∶0.33，含砾石或卵石的土 1∶0.67，干黄土 1∶0.25。在实际应用中，砂质较多的应加大斜坡坡度，如遇地下水时，也要求放大坡度。当所要求的坡度较大而又限于场地位置时，要注意土方的开挖对邻近房屋基础的影响，必要时应使用临时支撑。因建沼气池时只用内模、外模以土代替，所以池坑的下面 1 米深应尽可能圆，且坡度尽可能小。

基坑开挖过程和敞露期间，应防止塌方，必要时应加以保护。堆土或移动施工机械时，应与挖方边缘保持一定的距离，以保持边坡和直立壁的稳定。当土质良好时，堆土距挖方边缘 0.8 米以外，高度不超过 1.5 米。

2. 地基加固　在软弱地基土质上建造沼气池，应采取地基加固处理，并在土方工程施工阶段完成。常用的处理方法如下。

(1)*用砂垫层和砂石垫层加固* 选用质地坚硬的中砂、粗砂、砾砂、卵石或碎石作为垫层材料，在缺少中、粗砂或砾砂的地区，也可采用细砂，但应同时掺入一定数量的卵石、碎石、石渣或煤渣等废料，经试验合格，亦可作为垫层材料；选用的垫层材料中不得含有草根、垃圾等杂质；在铺垫垫层前，应先验坑(包括标高和形状尺寸)，将浮土铲除。然后将砂石拌和均匀后，进行铺筑捣实。

(2)*用灰土加固* 灰土中的土料，应尽量采用池坑中挖出的土，不得采用地表耕植层土，土料应予过筛，其粒径不得大于 15 毫米；熟石灰应过筛，其粒径不得大于 5 毫米，熟石灰中不得夹有未熟化的生石灰块，不得含有过多的水分；灰土比宜用 2∶8 或 3∶7 (体积比)，灰土质量标准见表 4-14；灰土的含水量以用手紧握土料能成团，两指轻捏即碎为宜(此时含水量一般在 23%～25%)，含水过多、过少均难以夯实；灰土应拌和均匀，颜色一致，拌好后要及时铺设夯实；灰土施工应分层进行，如采用人工夯实，每层以虚铺 15 厘米为宜，夯打至 10 厘米左右表明夯实。

表 4-14 灰土质量标准

序号	土料种类	灰土最小干容重(克/厘米^3)
1	轻亚黏土	1.55～1.60
2	亚黏土	1.50～1.55
3	黏土	1.45～1.50

(3)*用灰浆碎砖三合土加固* 三合土所用的碎砖，其粒径为 2～6 厘米，不得夹有杂物，砂泥或砂中不得含有草根等有机杂质；灰浆应在施工时制备，将生石灰临时加水化开，按配合比掺入砂泥，均匀搅和即成；施工时，碎砖和灰浆应先充分拌和均匀，再铺入坑底，铺设厚度 20 厘米左右，夯打至 15 厘米；灰浆碎砖三合土铺设至设计标高后，在最后 1 遍夯打时，宜浇浓灰浆，待表层灰浆略

微晒干后，再铺上薄层砂子或煤屑，进行最后夯实。

3. 淤泥土质土方工程 淤泥土质的特点是含水量大而易淤，在挖掘土方时，会有不同程度的回淤，使池坑不易按设计尺寸成型，甚至会由于坑底土掏松或破坏而使沼气池建成后下沉，造成进、出料管与池身连接处发生拉裂事故。如果坑壁侧淤，宜用适当支撑或改用沉井作池身。如坑底升淤，发生回淤量过大时，挖到设计标高后，以大卵石进行地基加固处理。

4. 流砂土质土方工程 流砂地区的沼气池土方工程施工，事先须认真分析，制订可靠的施工方案，以免流砂现象的产生。流砂地区沼气池土方工程施工有以下几种方案。

(1)避 流砂现象的产生和地下水紧密相关，所以可采取“避”的做法：在时间上，避开高水位季节施工；在池址选择上，避开高水位地区；改变原设计的池坑底部标高，将沼气池升高，采用半埋式或地上式沼气池。

(2)降 将集水坑设置于沼气池池坑外，并且先降水，后开挖池坑中土方，由于地下水的临时下降，使砂层失水而稳固下来，避免砂子的流动。

(3)隔 采用沉井法施工，将池坑外的砂用沉井筒隔开。随着池坑土方的开挖，沉井也随之下沉，这样始终将砂隔于沉井之外，避免土体的垮塌。

在具体情况下，降不低地下水位，而流砂土已造成时，则会增加土方工程量而且会把池底下及池坑四周的土掏松，影响建池和池旁建筑物的质量问题，故不宜再挖；应改变池身的设计标高，将沼气池升高。如果能抽水降低地下水位来开挖土方，也要注意因降低水位而对紧紧相邻的建筑物发生不均匀沉降的影响。

5. 膨胀土质土方工程 膨胀土是指黏粒成分主要由强亲水性矿物组成，具有较大胀缩性能的土质，它吸水膨胀，失水收缩。膨胀土地基沼气池坑开挖中，如果不采取相应的技术措施，会导致沼气池池体开裂漏水，甚至池体结构破坏。膨胀土地区进行沼气池土方工程施工，要掌握以下技术要点：①坚持“快挖快建、连续施工”的原则，以减少胀缩变形的可能和速度。②避免雨天施工，并在开挖前做好排水工作，防止地表水、施工用水等浸入施工场地或冲刷坑壁和边坡。③池坑土方开挖结束后，其坑底基土不得受烈日暴晒或雨水浸泡，必要时可预留一层不挖，待做池底底板垫层和底板结构层时挖除。④对于设计中在膨胀土地基上采取砂垫层或砂块卵石、碎石层者，应先将上述垫层材料浇水至饱和再铺填于坑底夯实，不得采用向坑底浇水使垫层沉落密实的施工方法。⑤回填土应采用非膨胀性土、弱膨胀土或掺有改性材料（如石灰、砂或其他松散类材料）的膨胀土。

6. 高地下水地基工程处理 地下水位较高地区建池，应尽量选择在枯水季节施工，并采取有效措施进行排水。建池期间，发现有地下水渗出，一般采取“排、降”的方法。池体基本建成后，若有渗漏。可采用“排、引、堵”的方法，或进行综合处理。

（1）盲沟及集水坑排水井 当池坑大开挖，池坑壁浸水时，池坑适当放大，在池墙外侧做环形盲沟，将水引向低处，用人工或机械排出。盲沟内填碎石瓦片，防止泥土淤塞，待池墙砌筑完成后，池墙与坑壁间用黏土回填夯实，起防水层作用。

当池坑开挖后，池底浸水时，池底可做“十”字形盲沟，在池底中心设集水坑，使浸水集中排出。待池底建成，做好抹灰，最后填坑堵水。

（2）深井排水 若地下水流量较大。在池坑1米以外设1～3个深井，使井底比池底低800～1 000毫米，由池壁盲沟或池底“十”字形盲沟将水引至深井，用人工或机械抽出深井集水，使水位降至施工操作面以下。

（3）沉井排水 在高地下水位地区建池，池坑开挖时，由于水位高，土壤浸水饱和，坑壁不断垮坍，如果坑中抽水，由于坑壁内外水的压差造成坑壁外的砂子连续不断地由水带入坑内，此现象称为流砂。产生上述问题后，池子无法继续施工。面对这种情况，可照沉井施工原理，进行挡土排水，防止流砂和土方倒塌，确保施工的顺利进行。

简易的沉井方法是用无底无盖的混凝土圆筒放入，随土方开挖，圆筒随之下沉，直至设计位置，最后向筒底抛以卵石，并在沉井法施工的集水井内不断抽水，同时浇注混凝土池底，并填塞集水井，直至全部完成。

7. 注意事项

第一，开挖池坑时，严禁挖成上凸下凹的"洼岩洞"，挖出的土应堆放在离池坑远一点的地方，禁止在池坑附近堆放重物。对土质不好的松软土、砂土，应采取加固措施，以防塌方。如遇地下水，则需采取排水措施，并尽量快挖快建。

第二，用灰土加固地基完毕后，其上应盖以塑料布、草垫之类，以防日晒雨淋影响质量。刚夯实完毕的灰土如突然遭受雨淋浸泡，则应将积水及松软灰土铲除后补填夯实。稍受浸湿的灰土，可在晒干后再补夯。

第三，冬季施工时，不得采用冻土或夹有冻土块的土料作灰土，并应采取有效的防冻措施。

第四，开挖地坑、运送石料和建池砌筑时，要防止石料滑落、掉砖和工具失手砸伤施工人员。运输石料和搭脚手架的绳索，必须坚实、牢固，防止落架或断裂伤人。

五、现浇混凝土沼气池施工

现浇混凝土沼气池施工是在完成土方和池底浇注的基础上，利用原状土壁做池墙外模，池墙和池拱内模用钢模、木模或砖模组装或组砌好后，一次现浇成型的建池工艺。

（一）拌制混凝土

1. 操作方法

（1）拌制混凝土　农村建造沼气池，混凝土一般采用人工拌和。首先，在沼气池基坑旁找一块面积 2 平方米左右的平地，平铺上不掺水的拌制板（一般多用钢板，也可用油毡）。然后，先将称量好的砂倒在拌制板上，将水泥倒在砂上，用铁锹反复干拌至少 3 遍，直到颜色均匀为止；再将石子倒入，干拌 1 遍；而后渐渐加入定量的水湿拌 3 遍，拌到全部颜色一致、石子与水泥砂浆没有分离与不均匀的现象为止。

（2）拌制砂浆　户用沼气池施工的砂浆，一般采用人工拌制。人工拌制砂浆的要点是“三干三湿”。即水泥和砂按砂浆标号配制后，干拌 3 次，再加水湿拌 3 次。

2. 注意事项　①严禁直接在泥土地上拌和混凝土，混凝土从拌和好至浇注完毕的延续时间不宜超过 2 小时。②人工配制混凝土时，要尽量多搅拌几次，使水泥、砂、石混合均匀。同时，要控制好混凝土的配合比和水灰比，避免蜂窝、麻面出现，以达到设计的强度。

（二）浇注池体

1. 浇注池底　户用沼气池池底应根据不同的池坑土质，进行不同的处理。对于黏土和黄土土质，挖至老土，铲平夯实后，用 C15 混凝土直接浇注池底 80 毫米以上即可。如遇砂土土质或松软土质，应先做垫层处理。首先将池坑土质铲平、夯实，然后铺一层直径 80～100 毫米的大卵石，再用砂浆浇缝、抹平。垫层处理完后，即可在其上用 C15 混凝土浇注池底混凝土层 60～80 毫米，然后原浆抹光（图 4-18）。

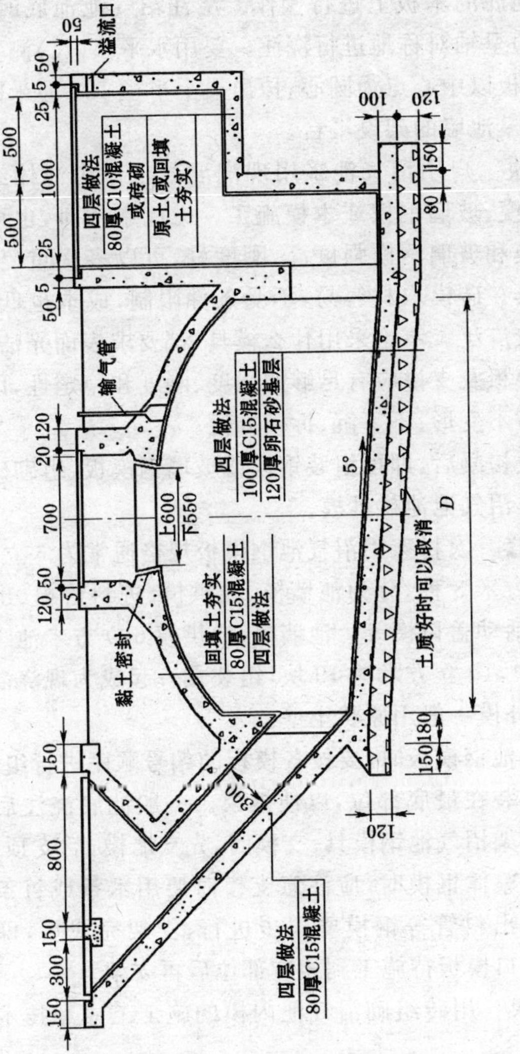

图 4—18　曲流布料沼气构造示意图（单位:毫米）

为避免操作时对池底混凝土的质量带来影响，施工人员应站在架空铺设于池底的木板上进行操作。浇注沼气池池底时，应从池底中心向周边呈轴对称地进行浇注。要用水平仪(尺)测量找平下圈梁，用抹灰板以中心点为圆心，抹出一个半径127厘米的圆形平台面，作为钢模池墙的架设平台。

2. 组装模板 户用沼气池采用现浇混凝土作为池体结构材料时，提倡用钢模、玻璃钢模或木模施工。无此条件时，也可采用砖模施工。钢模和玻璃钢模强度高，刚度好，可以多次重复使用，是最理想的模具。砖模取材容易，不受条件限制，成本也低，目前农村中用得比较广泛。不论采用什么模具，都要求表面光洁、接缝严密、不漏浆；模板及支撑应有足够的强度、刚度和稳定性，以保证在振捣混凝土时不变形、不下沉、拆模方便。

池底混凝土初凝后，即可组装钢模或玻璃钢模板、组砌砖模或用伞形架法制作沼气池池拱砂模。

(1)组装钢模 农村家用沼气池钢模板规格通常为6立方米、8立方米、10立方米3种，分为池墙模、池拱模、进料管模、出料管模、水压间模和活动盖口模等。池墙模、池拱模6立方米池15块，8立方米池17块，10立方米池19块，组装在一起成为现浇混凝土沼气池的内模，外模一般用原状土壁。

在组装沼气池钢模板时，要按各模板的编号顺序进行组装，并将异型模配对组装在最底部位，以便拆模。一般池底浇注后6小时以上才可以支架沼气池钢模具；支模时，先支墙模，后支顶模，若使用无脱模块的整体钢模时，应注意支模时要用木条或竹条设置拆模块；主池、进出料管等钢模要同步进行，支架完成后，即可浇注；水压间、天窗口模板待施工到相应部位后再支架。

(2)组砌砖模 用砖组砌沼气池内模的施工工序和技术要点如下。

①组砌池墙模：池墙采用砖模作内模时，先砌第一圈立砖，内

贴油毛毡；池墙混凝土浇捣 250～300 毫米深后，再砌第二圈立砖，内贴油毛毡；再浇混凝土，依次往上施工（图 4-19）。砖内模采用低标号砂浆或黏土砂浆砌筑，砂浆一定要饱满，尺寸要准确，以免振捣混凝土时砖模变形。

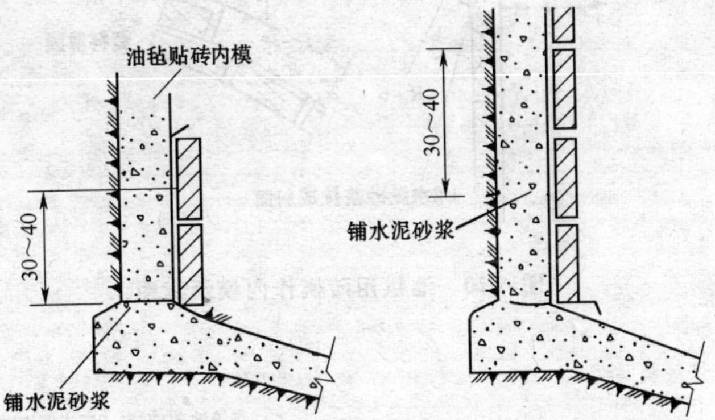

图 4-19　池墙用砖模作内模示意图　（单位：毫米）

浇混凝土时，应沿池墙一圈铲入混凝土，均匀铺满一层后，再仔细振捣密实，并注意不要将基坑土及砖内模的砖筑砂浆拌到混凝土内。

②砌池拱模：池拱采用砖模时，砖模用低标号砂浆砌筑。砖模上先用黏土砌浆抹成光洁球面后，再铺一层塑料薄膜，然后再浇捣混凝土。一般应待混凝土强度达到 5 兆帕后 2～3 天才能拆除砖模，撕下塑料薄膜（图 4-20）。

（3）制作砂模　用一根较粗的木棒直立于池底中心，顶端取一点（池的直径乘 0.725 处），绑若干根支架，支架的另一端置于池墙顶端预留空隙处，支架之间加放若干横条，然后铺上草席等物，再垫上泥土和隔离砂，做成矢跨比为 1∶5 的削球体形状，抹光压实。再在上面浇注厚度为 60～80 毫米的 1∶3∶6＝水泥∶砂∶卵石的混凝土，拍打、提浆、抹平(图 4-21)。

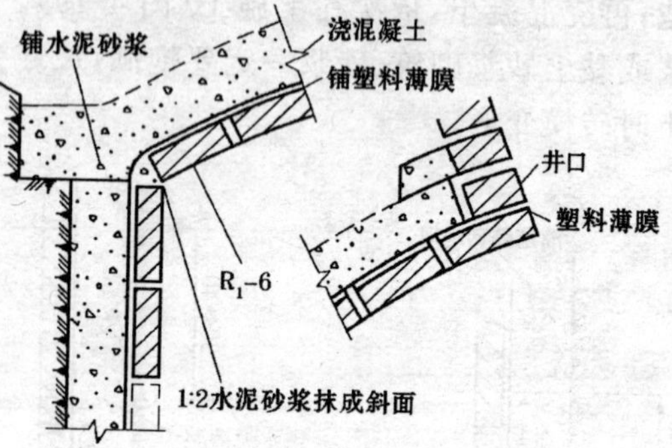

图 4-20　池拱用砖模作内模示意图

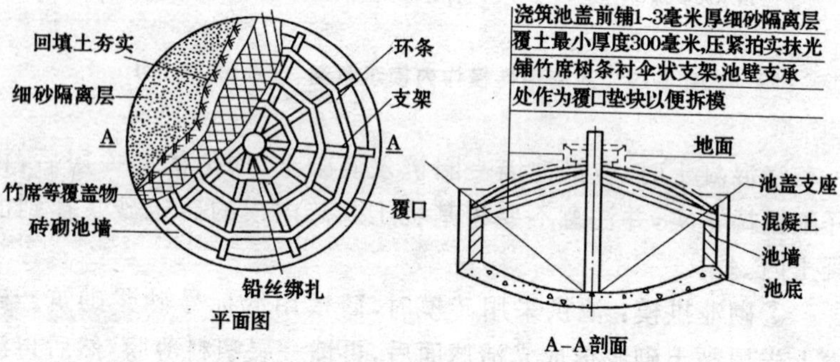

图 4-21　制作沼气池池拱砂模示意图

3. 浇注池墙和池拱　沼气池池底混凝土浇注完后，一般相隔 24 小时浇注池墙。浇注沼气池池墙、池拱，无论采取钢模、玻璃钢模，还是木模，浇注前必须检查校正，保证模板尺寸准确、安全、稳固，主池池墙模板与土坑壁的间隙均匀一致。浇注前，在模板表面涂上石灰水、肥皂水等隔离剂，以便于脱模，减少或避免脱模时敲击模具，保证混凝土在增强强度时不受冲击。用砖模时必须使用油毡、塑料布等作隔离膜，防止砖模吸收混凝土中的水分和水泥浆及振捣时发生漏浆现象，也便于脱模。

池墙一般用 C15 混凝土浇注，厚度为 70 毫米，一次浇注成型，不留施工缝。池墙应分层浇注，每层混凝土高度不应大于 250 毫米。浇注时，先在主池模板周围振捣 6 个混凝土点固定模板，然后沿池墙模板周围分层铲入混凝土，均匀铺满一层后，振捣密实，并且注意不能用铲直接倾倒，应使用砂浆桶倾倒，这样可以保证砂浆中的骨料不会在钢模上滚动而分离，才能保证建池质量。浇注要连续、均匀、对称，用钢钎有次序地反复捣插，直到泛浆为止，保证池体混凝土密实，不发生蜂窝麻面。

池拱用 C20 混凝土一次浇注成型，厚度为 80 毫米以上，经过充分拍打、提浆，原浆压实、抹平、收光。浇注池拱球壳时，应自球壳的周边向壳顶轴对称进行。

进出料管模下部先用混凝土填实，与模具接触的表面用砂浆成型，减少漏水、漏气现象的发生。在混凝土未凝固前，要转动进出料管模，防止卡死。尽量采用有脱模块的钢模，这样不需转模，也方便脱模。

在已硬化的混凝土表面继续浇注混凝土前，应除掉水泥薄膜和表面的松动石子、软弱混凝土层，并加以充分湿润、冲洗干净和清除积水。水平施工缝（如池底与池墙交接处、上圈梁与池盖交接处）继续浇注前，应先铺上一层 20～30 毫米厚与混凝土内砂浆成分相同的砂浆。

农村沼气池一般采用人工捣实混凝土。捣实方法是，池底和池盖的混凝土可拍打夯实，池墙则宜采用钢钎插入振捣。务必使混凝土拌和物通过振动，排挤出内部的空气和部分游离水，同时使砂浆充满石子间的空隙，提高混凝土填满率，以达到内部密实、表面平整的目的。

4. 预制活动盖和进出料间盖板现浇混凝土 沼气池的活动盖和进料间、活动盖口、出料间盖板均为钢模具(图 4-22 和图 4-23)现浇成型。所有盖板均用 C20 混凝土预制,内配标准强度为 235 牛/毫米^2 的低碳建筑钢筋,一般用 $\phi6\sim8$ 毫米钢筋。预制盖板时,板底均应铺一层隔离用塑料薄膜。

图 4-22 活动盖钢模板图

图 4-23 进出料间钢模板

(1)几何尺寸 盖板的几何尺寸要符合设计要求。一般圆形、半圆形盖板的支撑长度应不小于 50 毫米;盖板混凝土的最小厚度应不小于 60 毫米。

(2)钢筋 制作盖板钢筋的制作技术要求:①钢筋表面洁净,使用前必须除净油渍、铁锈。②钢筋平直、无局部弯折,弯曲的钢筋要调直。③钢筋的末端应设弯钩。弯钩应按净空直径不小于钢筋直径 2.5 倍,并做 180°的圆弧弯曲。④加工受力钢筋长度的允许偏差是±10 毫米。⑤板内钢筋网的全部钢筋相交点,用铁丝扎结。⑥盖板中钢筋的混凝土保护层不小于 10 毫米。

(3)混凝土 当盖板的混凝土强度达到 70%时,进行表面处理。活动盖板上下底面及周边侧面应按沼气池内密封做法进行粉刷,进出料间盖板表面用 1∶2 水泥砂浆粉 5 毫米厚,面层要求表面平整、光洁。

5. 布料板和塞流板施工 曲流布料沼气池 B 型设有塞流板,

C 型设有布料板和塞流板。布料板的作用是使原料进入池内时，由布料板进行布料，形成多路曲流，增加新料扩散面，充分发挥池容负载能力，提高池容产气率；塞流板的作用增加微生物和原料的滞留时间，防止微生物随出料流失。施工方法是：采用 C20 混凝土配布钢筋，按 GB/T 4750—2002 中图 7 的几何尺寸，提前预制好布料板和塞流板，在池墙、池拱粉刷完工后，按照曲流布料沼气池 B 型(图 4-24)和 C 型(图 4-25)结构图安装布料板和塞流板(图 4-26)，并用砂浆加固。

6. 破壳输气吊笼施工 曲流布料沼气池 C 型设有破壳输气吊笼，它是安装在多功能活动盖(图 4-27)中心管上的双层吊笼，可以用竹条制成箅笼，也可以用钢筋做骨架，用塑料线编织滤网制成(图 4-28)，几何尺寸按 GB/T 4750—2002 中图 8 的曲流布料沼气池配件图施工。破壳输气吊笼的安装施工方法，要在沼气池内部所有工序完成、密封性能检验合格、可以投料启动前进行。安装时，要先将吊笼从天窗口装入发酵池，然后把多功能活动盖安装上，最后从池内把破壳输气吊笼安装到中心管上，破壳输气吊笼在中心管上可以转动。破壳输气吊笼在池内气压变化时，液面上升、下降，进、出料时，料液流动等过程中产生搅拌、破壳作用。另外，破壳输气吊笼是双层滤渣结构，两层中间保持不结壳，用气时稀液上升很快，达到上部结壳层起破壳作用，保持下部、中部产生的沼气容易从破壳输气吊笼中进入气箱。

7. 强回流装置施工 曲流布料沼气池 C 型设有强回流装置，抽料器上口位于预处理池上部，下口连接水压间底部，通过活塞在抽料器中来回抽动，可以把水压间底部料液、菌种回流到预处理池，混合新原料由进料口入池发酵，提高原料利用率和产气率。施工安装工序是在主池浇注完成，进行预处理池和水压间施工时，再安装抽料器，回填土时注意不能损坏抽渣管。建池完工投入使用时，把抽料器活塞装入圆筒管内即可使用。

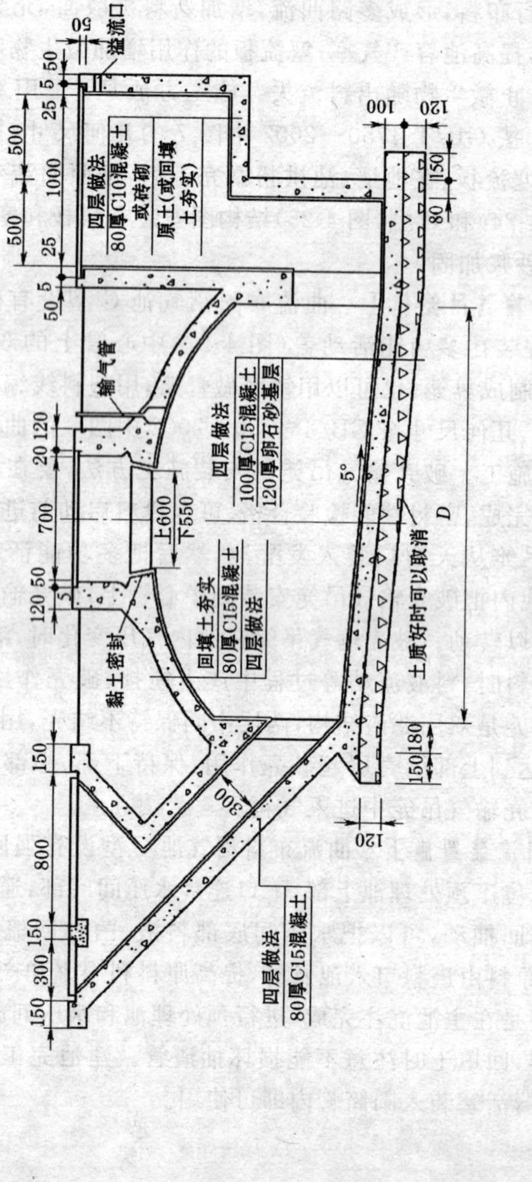

图 4-24　曲流布料沼气池B型构造图
（单位:毫米）

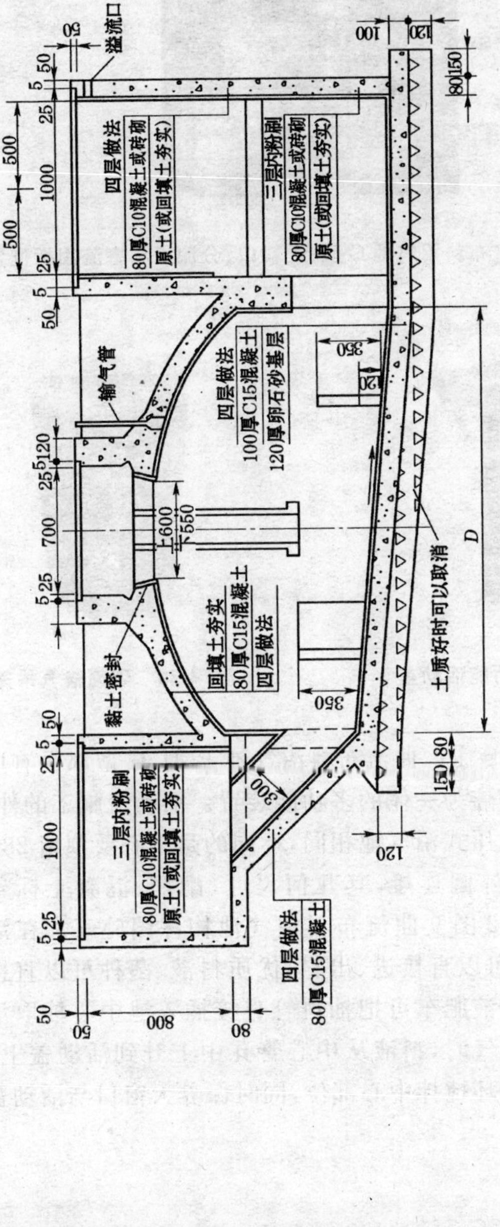

图4-25　曲流布料沼气池C型构造图　（单位:毫米）

图 4-26　曲流布料沼气池 C 型:进料口、分流板和塞流固板位置

图 4-27　多功能活动盖

图 4-28　破壳输气吊笼

8. 中心吊管施工　曲流布料沼气池 B 型、C 型都设有中心吊管,它是与活动盖连为一体的多功能装置。活动盖施工的外圆、厚度、配筋等都与水压式沼气池相同,不同的是中心要预留 280 毫米的通孔与中心管外圆连接,其几何尺寸、配筋、混凝土标号等按 GB/T 4750—2002 图 9 曲流布料沼气池构件图施工。在活动盖上设置中心吊管可以直接进、出料,优质料液、菌种可以直接加到发酵池中心部位,液肥车可把抽料管直接插入池中心抽取沼气池的料液,沼气池产气时,料液从中心管孔中上升到活动盖上面,用气时自动落下,循环搅拌中心部位,同时保养天窗口与活动盖的密

封胶泥不会干裂、漏气。另外，中心管外圆也起到一定的破壳搅拌作用。用带圆盘的木棒从中心管孔中进行人工搅拌，比从进料管搅拌效果好。

9. 注意事项

第一，人工配制混凝土时，要尽量多搅拌几次，使水泥、砂、石混合均匀。同时，要控制好混凝土配合比和水灰比，避免蜂窝、麻面出现，达到设计的强度。

第二，浇注混凝土时，要分层、均匀浇注，避免因集中浇注而出现的模具偏移和池体混凝土薄厚不均现象。

第三，当利用基坑土壁作外模时，浇注池墙混凝土和振捣时一定要小心，不允许泥土、杂草、木屑等掉在混凝土内。注意振捣混凝土时，每一部位都必须捣实，不得漏振。一般应以混凝土表面呈现水泥浆和不再沉落为合格。

(三)养护、拆模和回填土

1. 养护　为保证沼气池混凝土有适宜的硬化条件，并防止其发生不正常的收缩裂缝，农村家用沼气池在混凝土浇注完毕后 12 小时以内即应加以覆盖和浇水养护。在炎热的高温季节，浇注完毕 2 小时后，对外露的现浇混凝土，如池盖、蓄水圈、水压间、进料口以及盖板等应覆盖草帘，并加水养护，以免混凝土中水分蒸发过快。养护混凝土所用的水，其要求与拌制混凝土用的水相同。养护浇水次数，以能保持混凝土具有足够的湿润状态为准。

2. 拆模　池体混凝土连续潮湿养护 3～7 天可拆模。拆墙模时，混凝土强度应不低于混凝土设计标号的 40%；拆池顶承重模时，混凝土的强度应不低于设计标号的 70%。拆模先拆池顶脱模块，再拆池顶其他模块，之后，再拆池墙脱模块和池墙模。

3. 回填土　回填土应在池体混凝土达到 70%的设计强度(7 天后)进行，并应避免局部冲击荷载。回填土的湿度以“手捏成团，落地开花”为最佳。回填土质量要好，并可掺入石块、碎砖以及石灰窑脚灰等。回填时要对称、均匀、分层夯实。

4. 注意事项 ①池体混凝土在 20℃下，潮湿养护 7 天，强度达到设计标号的 70%时，方可拆池顶承重模。过早拆模，会因强度不够，使结构破坏，出现池体裂缝等问题。②在外界气温低于 5℃时，不允许浇水养护。③回填土时，要避免局部冲击荷载对沼气池结构体的破坏。

(四)密封层施工

沼气发酵是厌氧发酵，发酵工艺要求沼气池必须严格密封。水压式沼气池池内压强远大于池外大气压强，密封性能差的沼气池(包括进料管和水压间)不但会漏气，而且会使水压式沼气池的水压功能丧失殆尽。因此，沼气池密封性能的好坏是关系到人工制取沼气成败的关键。

户用沼气池一般采用“二灰二浆”，在用素灰和水泥砂浆进行基层密封处理的基础上，再用密封涂料仔细涂刷全池，确保不漏水、不漏气。

1. 基层处理

第一，混凝土模板拆除后，立即用钢丝刷将表面打毛，并在抹灰前用水冲洗干净。

第二，当遇有混凝土基层表面凹凸不平、蜂窝孔洞等现象时，应根据不同情况分别进行处理。

当凹凸不平处的深度大于 10 毫米时，先用凿子剔成斜坡，并用钢丝刷将表面刷后用水冲洗干净，抹素灰 2 毫米，再抹砂浆找平层(图 4-29)，抹后将砂浆表面横向扫成毛面。如深度较大时，待砂浆凝固后(一般间隔 12 小时)抹素灰 2 毫米，再用砂浆抹至与混凝土平面齐为止。

当基层表面有蜂窝孔洞时，应先用凿子将松散石除掉，将孔洞四周边缘剔成斜坡，用水冲洗干净，然后用2毫米素灰、10毫米水泥砂浆交替抹压，直至与基层平齐为止，并将最后一层砂浆表面横向扫成毛面。待砂浆凝固后，再与混凝土表面一起做好防水层（图4-30）。当蜂窝麻面不深，且石子黏结较牢固，则需用水冲洗干净，再用1∶1水泥砂浆用力压实抹平后，将砂浆表面扫毛即可（图4-31）。

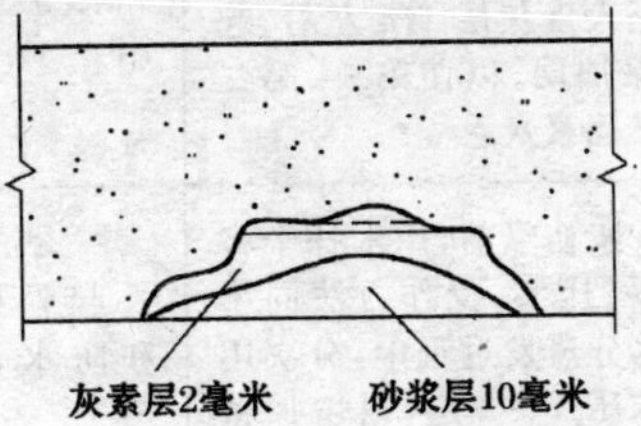

图4-29　混凝土基层凹凸不平的处理

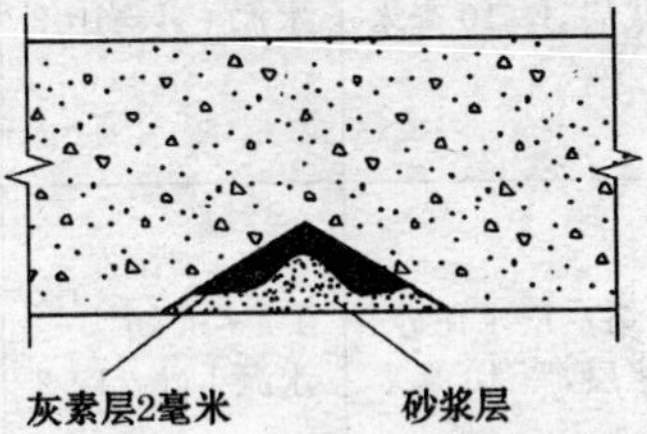

图4-30　混凝土基层孔洞的处理

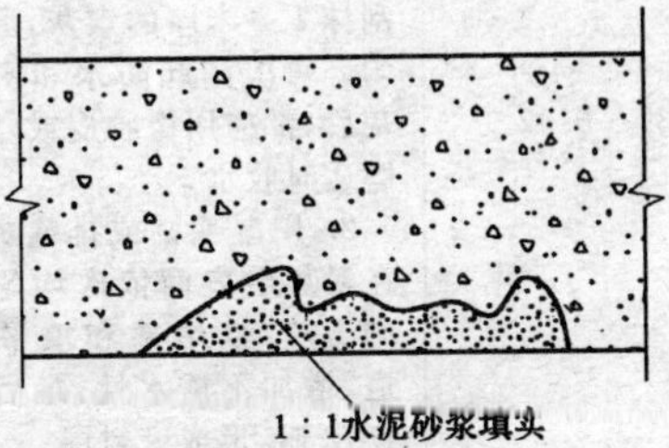

图4-31　混凝土基层蜂窝的处理

第三，砌块基层处理需将表面残留的灰浆等污物清除干净，并用水冲洗。

第四，在基层处理完后，应浇水充分浸润。

2. 四层抹面　户用沼气池刚性防渗层一般用四层抹面法施工，操作要求（表4-15）和技术要点如下。

表 4-15　沼气池四层抹面法施工要求

层　次	水灰比	操作要求	作　用
第一层素灰	0.4～0.5	用稠素水泥浆涂刷全池	结合层
第二层水泥砂浆层，厚 10 毫米	0.4～0.5 水泥：砂=1：3	在素灰初凝时进行，即当素灰干燥到用手指能按入水泥浆层 1/4～1/2 时进行，要使水泥砂浆薄薄压入素灰层 1/4 左右，起骨架和保护层，以使第一、第二层结合牢固素灰	起骨架和保护作用
第三层水泥砂浆层，厚 10 毫米	0.4～0.45 水泥：砂=1：2	水泥砂浆初凝前，用木抹子将表面抹平、压实，操作方法同第二层。水分蒸发过程中，分次用木抹子抹压 1～2 遍，以增加密实性，最后再压光	起骨架和防水作用
第四层素灰层，厚 2 毫米	0.37～0.42	1. 分 2 次用铁抹子往返用力刮抹，先刮抹 1 毫米厚素灰作为结合层，使素灰填实基层孔隙，以增加防水层的黏结力，随后再刮抹 1 毫米厚的素灰，厚度要均匀。每次刮起防水和密封抹素灰后，都应用橡胶皮或塑料布搓磨适时收水； 2. 用湿毛刷或排笔蘸水泥浆在素灰层表面依次均匀水平涂刷 1 遍，以堵塞和填平毛细孔道，增加不透水性，最后刷素灰 1～2 遍，形成密封层	起防水和密封作用

第一，施工时务必做到分层交替抹压密实，以使每层的毛细孔道大部分切断，使残留的少量毛细孔无法形成连通的渗水孔网，保证防水层具有较高的抗渗防水功能。

第二，施工时应注意素灰层与砂浆层应在同一天内完成。即防水层的前 2 层基本上连续操作，后 2 层连续操作，切勿抹完素灰后放置时间过长或次日再抹水泥砂浆。

第三，素灰层要薄而均匀，不宜过厚，否则造成堆积，反而降低黏结强度且容易起壳。抹面后不宜干撒水泥粉，以免素灰层厚薄不均影响黏结。

第四，用木抹子来回用力揉压水泥砂浆，使其渗入素灰层。如果揉压不透，则影响两层之间的黏结。在揉压和抹平砂浆的过程中，严禁加水，否则砂浆干湿不一，容易开裂。

第五，水泥砂浆初凝前，待收水 70%(即用手指按压上去有少许水润出现而不易压成手迹)时，进行收压，收压不宜过早，但也不能迟于初凝。

3. 涂料施工　基础密封层完成后，用密封涂料涂刷池体内表面，使之形成一层连续性均匀的薄膜，从而堵塞和封闭混凝土和砂浆表层的孔隙和细小裂缝，防止漏气发生。其技术要点是：①涂料选用经过省部级鉴定的密封涂料，材料性能要求具有弹塑性好，无毒性，耐酸碱，与潮湿基层黏结力强；延伸性好，耐久性好，且可涂刷。目前常用的沼气池密封涂料为陕西省秦光沼气池密封剂厂生产的JXⅡ型沼气池密封剂。该产品具有密封性高、耐腐性好、黏结性强、池壁光亮、节约水泥、减少用工、寿命延长等特点。适用于沼气池、蓄水池、水塔、卫生间、屋面裂缝修补等混凝土建筑物的防渗漏。②涂料施工要求和施工注意事项应按产品使用说明书要求进行。JXⅡ型沼气池密封剂的使用方法为：将半固体的密封剂整袋放入开水中加热 10～20 分钟，完全溶化后，剪开袋口，倒进一适当的容器中加 5～6 倍水稀释；按溶液∶水泥＝1∶5 的比例将水泥与溶液混合，再加适量水，配成溶剂浆(灰水比例 1∶0.6 左右)，按要求进行全池涂刷；第一遍涂刷层初凝后，用相同方法对池底和池墙部分再涂刷 1～2 遍，池顶部分再涂刷 2～3 遍；涂刷时，要水平垂直交替涂刷，不能漏刷。

4. 注意事项

第一，基础密封层施工时，各层抹灰要分层交替抹压密实，避免第一层抹灰层与结构层、第二层抹灰与第一层抹灰之间出现离层现象。

第二，抹灰必须一次抹完，不留施工缝。施工完毕后要洒水养护，夏天更应注意勤洒水养护。池内所有阴角用圆角过渡。

第三，表面密封层施工时，密封涂料的浓度要调配合适，不能太稀，也不能太稠。太稀，刷了不起作用；太稠，刷不开，容易漏刷。

第四，涂刷密封涂料的间隔时间为1～3小时，涂刷时用力要轻，按顺序水平、垂直交替涂刷，不能乱刷，以免形成漏刷。

六、户用现浇混凝土沼气池施工质量检验

户用现浇混凝土沼气池施工质量检验内容主要是：建池材料、土方工程、模板工程、混凝土工程、密封工程等。

(一)土方工程检验

第一，沼气池池坑地基承载力设计值＞150千帕。检验方法：观察检查土质情况，复查施工记录。

第二，池坑开挖标高、内径、池壁垂直度和表面平整度允许偏差值及检查方法见表4-16。

表4-16 池坑开挖允许偏差

项　目	允许偏差值(毫米)	检验方法	检查点数
池坑直径	±20	用尺量	4
池坑标高	±15～−5	用水准仪按施工记录线用尺量	4
池壁垂直度	±10	用重锤线和尺量	4
表面平整度	±5	用1米靠尺和楔形塞尺	4

(二)模板工程检验

第一,砖模、钢模、木模和支撑件应有足够的强度、刚度和稳定性,并拆装方便。检验方法:用手摇动和观察检查。

第二,模板的缝隙以不漏浆为原则。检验方法:观察和检查。

第三,现浇混凝土沼气池模板安装允许偏差值及检查方法见表4-17。

表4-17　现浇混凝土模板安装允许偏差

项　目	允许偏差值(毫米)	检验方法	检查点数
池与水压间标高	木模－4～10;钢模±5	用尺量或水准仪检查	3
断面尺寸	±5～－3	用尺量	3
池拱模板曲率半径	±10	用曲率半径准绳	3

(三)混凝土工程检验

现浇混凝土沼气池允许偏差值及检查方法见表4-18。

表4-18　现浇混凝土沼气池允许偏差

项　目	允许偏差值(毫米)	检验方法	检查点数
内　径	±3～－5	拉线用尺量	4
外　径	±5～－3	拉线用尺量	4
池墙标高	±5～－10	用水准仪测或拉线用尺量	4
池墙垂直度	±5	吊线用尺量	4
弧面平整度	±4	用弧形尺和楔形塞尺检查	4
圈梁断面尺寸	±5～－3	拉线用尺量	4
池壁厚度	±5～－3	用尺量取平均值	4

(四)密封性能检验

1. 直观检查 应对施工记录和沼气池各部位的几何尺寸进行复查。池体内表面应无蜂窝、麻面、裂纹、砂眼和气孔;无渗水痕迹等目视可见的明显缺陷;粉刷层不得有空臌或脱落现象,合格后方可进行试压验收。

2. 水试压 向池内注水,水面升至零压线位时停止加水,待池体湿透后,标记水位线,观察 12 小时,当水位无明显变化时,表明发酵间及进、出料管水位以下不漏水后方可进行试压。试压时先安装好活动盖,并做好密封处理,接上 U 型水柱气压表后,继续向池内加水。待 U 型水柱气压表数值升至最大设计工作气压时,停止加水,记录 U 型水柱气压表数值,稳压观察 24 小时。若气压表下降数值小于设计工作气压的 3%时,可确认为该沼气池的抗渗性能符合要求。

七、预制钢筋混凝土板装配沼气池

预制钢筋混凝土板装配建池工艺是把池墙、池拱、进出料管、水压间墙、各口及盖板等预先做成钢筋混凝土预制件,运到建池现场,在大开挖的池坑内进行组装,并进行加固和密封处理。

(一)预制件施工程序

预制钢筋混凝土板装配沼气池的池墙、池拱、进出料管、水压间墙、各口及盖板均为钢筋混凝土预制件,池底和水压间底部为现浇混凝土。钢筋混凝土预制件的施工程序如下。

1. 配置生产设备 预制钢筋混凝土板装配沼气池生产设备主要有模具 1 套、300～400 瓦单相振动机 1 台、升降架 2 副。其中,模具包括池盖、池墙、进料管、出料间、池墙进料管处预留孔半圆、池墙与出料间连通口等模具。

2. 准备原材料 水，要求清洁无杂质；水泥，425 号，要求安定性好、无结块；中砂或细砂，杂质含量少于 5%；碎石或卵石，要求粒径为 5～10 毫米；钢筋，要求无油渍、无锈蚀。

3. 预制件配筋 预制钢筋混凝土板装配沼气池池墙板、池拱板要配筋。池墙板的配筋见图 4-32，池拱板的配筋见图 4-33，水压间池墙板配筋见图 4-34。

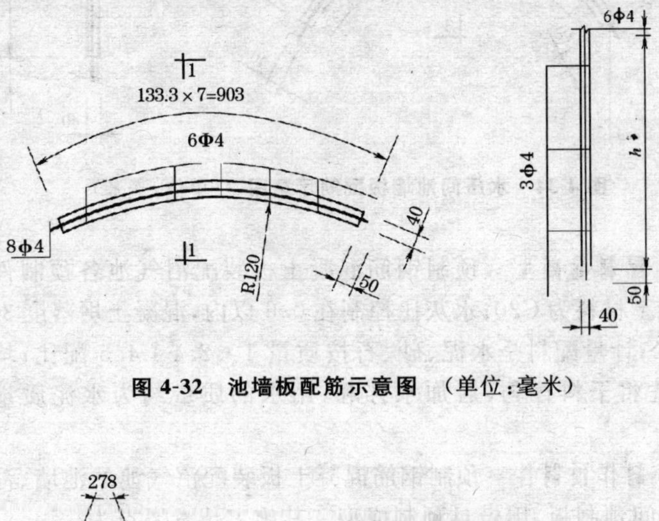

图 4-32　池墙板配筋示意图　（单位：毫米）

图 4-33　池拱板配筋示意图　（单位：毫米）

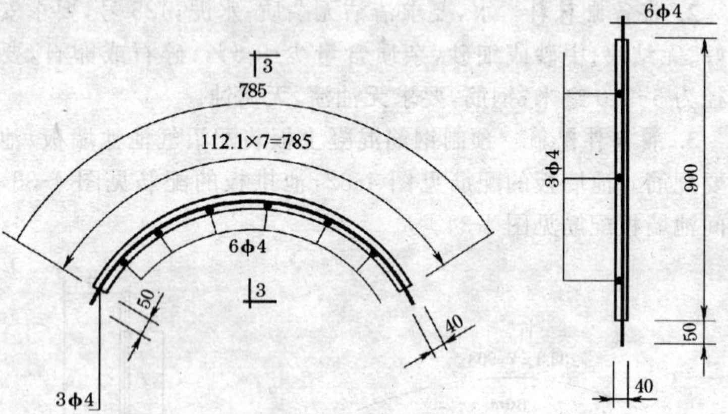

图 4-34　水压间池墙板配筋示意图　（单位：毫米）

4. 配制混凝土　预制钢筋混凝土板装配沼气池各预制件钢筋混凝土材料为C20；水灰比控制在0.6以内，混凝土坍落度30～50毫米；计量配料是水泥、砂、石按质量1∶2.4∶4.5配比；均匀拌和，先将干料拌匀，后加水拌和，用水的质量约为水泥质量的60%。

5. 制作预制件　预制钢筋混凝土板装配沼气池的池墙、池拱及水压间预制板，用模具预制成型。其施工技术要点为：

(1)池墙拱板　①第一块预制板就地修模成型，放稳模具后依次预制。②当混凝土浇入模内一半后布置钢筋(池盖和出料间预制板用冷拔8号圆丝，池墙预制板用4～6号圆丝)，间距为150毫米×150毫米，然后继续浇入混凝土。③将振动机在填满混凝土的模内来回振捣，使混凝土密实、表面原浆"浓"、"熟"。④用搓板把原浆搓平，使预制板与模具弧度一致、表面平整，无骨料或石子裸露。⑤脱模，在混凝土初凝前脱模，脱模时用搓板将池墙预制板直线边缘倒棱。⑥待预制板终凝(12小时)后在上面铺垫一层塑料或纸，再在其上预制另一块。

（2）进料口和进料管预制　预制钢筋混凝土板装配沼气池进料口和进料管预制件按照图 4-35 和图 4-36 所示预制成型。

图 4-35　进料口预制件

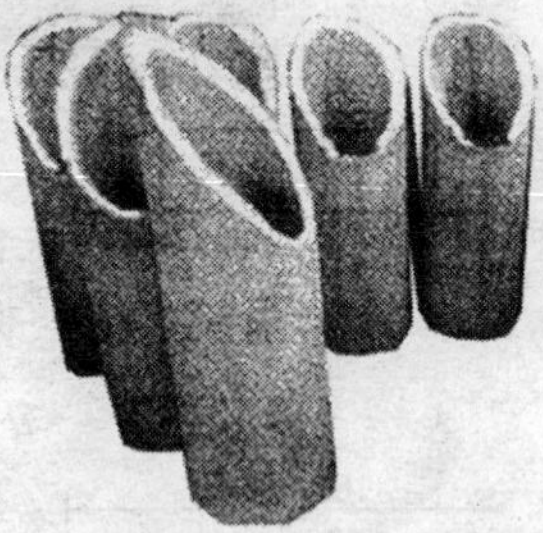

图 4-36　进料管预制件

（3）出料管预制　预制钢筋混凝土板装配沼气池出料管预制件按照图 4-37 所示预制成型。

图 4-37　出料管预制件

（4）天窗口预制　预制钢筋混凝土装配沼气池天窗口预制件按照图 4-38 预制成型。

（5）盖板预制　预制钢筋混凝土板装配沼气池的盖板按照图 4-39 所示进行配筋和预制成型。

图 4-38 天窗口预制件模具和预制件

a. 模具　　b. 预制件

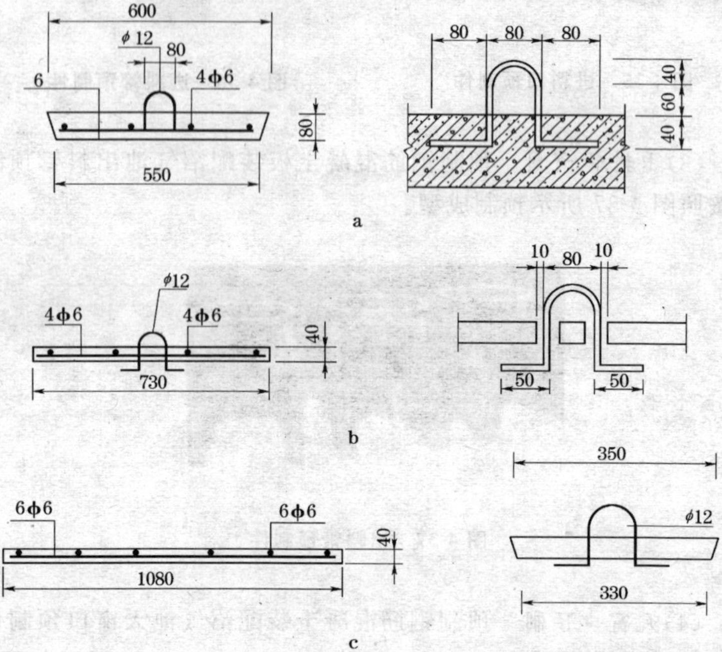

图 4-39 盖板预制件几何尺寸 （单位:毫米）

a. 活动盖　　b. 蓄水圈盖板　c. 水压间盖板

6. 养护 预制钢筋混凝土板装配沼气池的预制件混凝土浇注完毕，终凝后，要洒水养护，使预制件处于湿润状态，15 天后，才能搬动或安装。

符合标准的预制件应是：厚薄均匀（40 毫米），边缘整齐，表面平整，颜色一致，无缺角、无裂缝，检验断面无蜂窝状空洞。预制件共约 29 件，供组装成 6 立方米沼气池的约重 1 600 千克。

（二）预制件组装施工

预制钢筋混凝土板装配沼气池按照图 4-40 所示尺寸进行施工，其施工工艺流程如下。

放线开挖→基础处理→安装砌筑→灌缝处理→现浇圈梁→池顶回填→现浇池底→粉刷→养护→试压装料

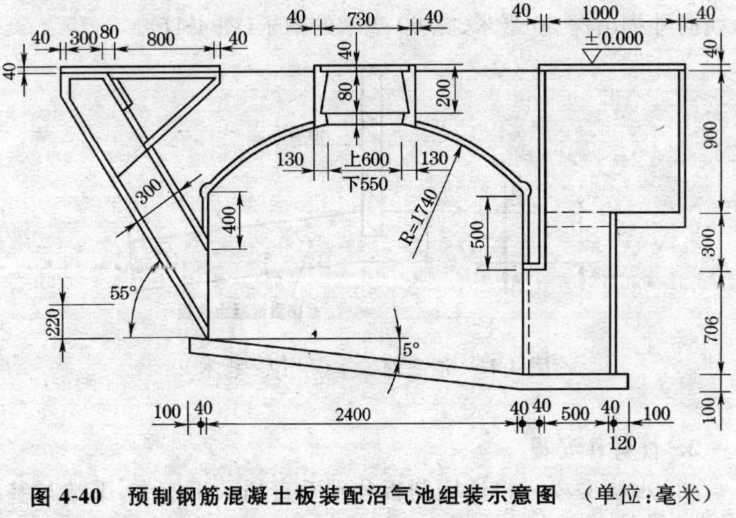

图 4-40 预制钢筋混凝土板装配沼气池组装示意图 （单位：毫米）

1. 放线开挖 预制钢筋混凝土板装配沼气池要与猪圈、厕所结合，进料口摆放在方便收集粪便的位置，尽可能使进、出料间在同一直线上。

土方工程按设计图尺寸参照图 4-40 进行放线、开挖和校正。

(1)*放线*　主池按净空直径+0.5 米直径的圆放线,出料口紧靠主池按 1.8 米×1.2 米放线。

(2)*开挖*　采取大开挖,以进料处地平为标高,向下挖 2 米;出料口挖 0.6 米深后,再在靠近主池一侧继续将 1 米× 1.2 米面积挖到 2 米深。

2. 基础处理　待土方工程完成后,清理铲平池底土层,如池墙基础土质疏松,应继续下挖至原土壤层为止,然后用毛石填平。

地基处理好后,按 6 立方米池 1.2 米为半径在池底画圆,或 8 立方米池 1.35 米为半径在池底画圆,用 C15 混凝土以画的线为中心,按宽 150 毫米、高 100 毫米现浇底部圈梁,用水平仪校正平直度;并在上面按 6 立方米池 1.2 米或 8 立方米池 1.35 米为半径的圆线,从线向外掏出深 50 毫米、宽 60 毫米的槽子(图 4-41)。

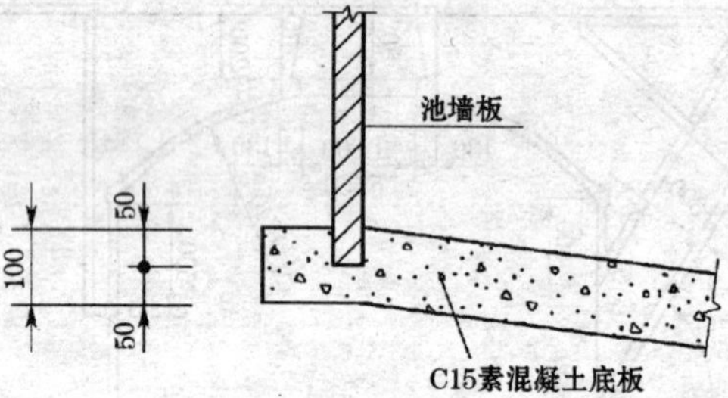

图 4-41　池底施工　(单位:毫米)

3. 预制件安砌

(1)*池墙安砌*　将池墙制板分别垂直插入于槽中,下端与基础现浇混凝土连接,每块之间预留 25 毫米宽的缝隙(其中有 2 块缺口是主池与出料间的连通口,应放在出料间的一侧,缺口向下)。放置完成后,在预制块下端与土壁间现浇 50 毫米厚的混凝土,使其与基础混凝土共同形成底部圈梁。预制块间的缝隙先用水湿润后，再用细混凝土或 75 号砂浆灌满(图 4-42)，同时分层回填，用木棒冲紧压实(每层 250 毫米)。

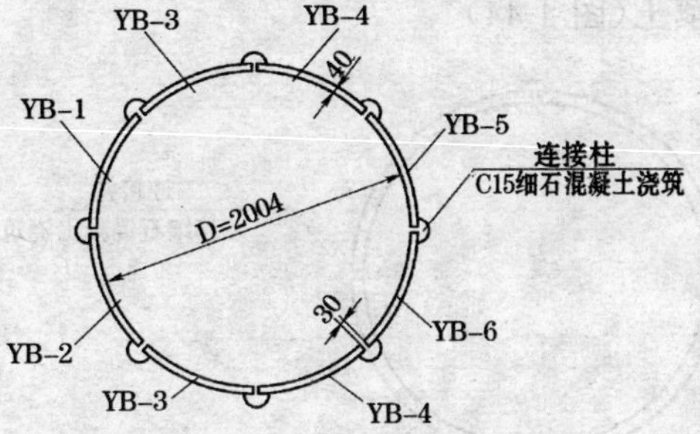

图 4-42　池墙预制板安装平面示意图

(2)*池拱安砌*　选一根直径 50 毫米以上、长 1.5 米的木棍，上端垂直钉一直径 300 毫米左右的圆木板，下端置于池底中心。池拱预制板的接缝与池墙预制块错缝安砌，尖端搭在圆木板上(其中 2 块的半圆缺口是用于安装进料管的)。完成放置后，用水喷湿，调平嵌缝(以池内上弧平整一致为准)，向预制块间缝隙灌满 75 号砂浆，池盖与池墙接缝处应打灰口(图 4-43)。

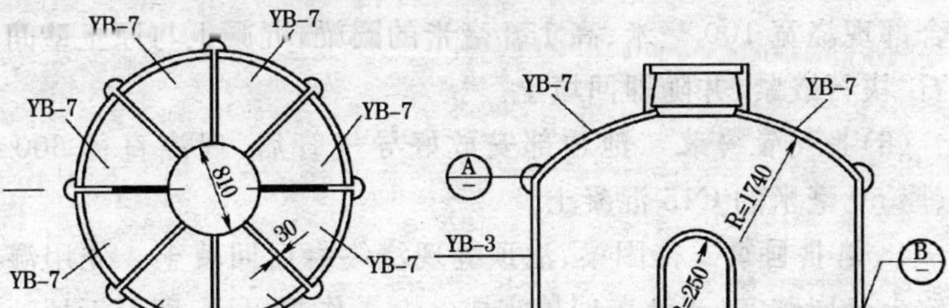

图 4-43　池拱预制安装

a. 平面图　b. 剖面图

(3)*出料管和水压间安砌*　出料管预制件与池墙预制板组合，同步安装。水压间底和出料管预制件通过混凝土浇注连接在一起，上部由4个圆弧预制块组成，其安砌方法与池墙相同，边向缝隙灌浆，边回填土(图4-44)。

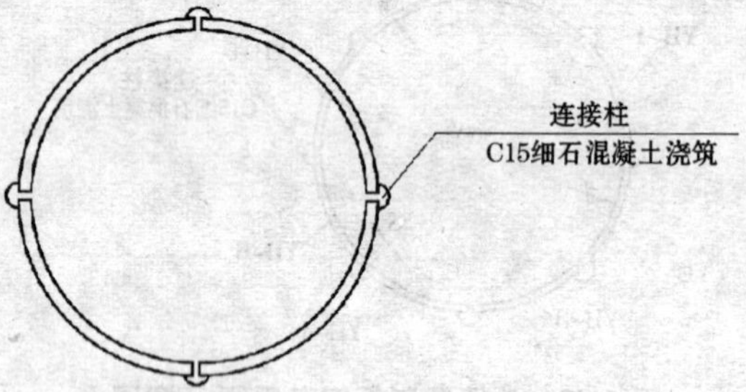

图4-44　水压间预制板安装

(4)*进料管和进料口安砌*　用水泥砂浆粉刷进料管的内壁和两端端面后，将进料管穿过池墙圆孔，倾斜55°，下端端面上口比出料口的上沿低50毫米。放置完成后，用混凝土将出料管外壁固定，在进料管上端安砌进料口预制件。

(5)现浇圈梁　用C15混凝土和8号铁丝3根在池拱与池墙结合部现浇宽100毫米、高150毫米的圈梁，混凝土与原土壁间用卵石、块石嵌紧，并随即回填土。

(6)*导气管安装*　池顶部安放好导气管后，现浇直径600毫米、厚50毫米的C15混凝土。

4. 池拱回填　待圈梁、池顶缝现浇终凝后回填土。先用湿润松软土分层踩实，当池盖回填完成2/3工作量以后，即可拆掉池内支撑池盖的木棍。

5. 粉　刷

(1)*基层粉刷*　待池内预制块缝隙灌浆抹平后，将主池内壁用纯水泥浆全池刷1遍。

(2)底层粉刷 抹平粉5毫米厚的1∶2水泥砂浆,抹平收紧。

(3)面层粉刷 抹平粉2～3毫米厚的1∶1.5水泥砂浆,压紧收光。

(4)表面粉刷 用密封涂料全池刷3～5遍。

(5)池底和出料间粉刷 池底和出料间各粉刷1遍,刷密封涂料2遍。

6. 养护 进出料口加盖,保持池内湿度,养护7天以后,按《户用沼气池质量检查验收规范》(GB/T 4751-2002)试压验收。

7. 注意事项 ①安砌各预制件时,其垂直度、水平度要符合要求。②安装池墙和池盖时,两块之间的缝隙最小要20毫米(无坡口预制模具),或预制块事先留有口向内的“V”字形坡口(由预制模具保证),以利于更好地连接缝口。特别要注意各接头处黏结牢固、密实。③在灌缝时,必须先将缝隙两边浇水湿润,以便砂浆黏合,确保缝隙结合可靠。④池盖缝隙灌砂浆后,等1天后才能拆中心的顶撑。⑤在装运出售过程中,应将预制块站立,每块相互靠紧,不得平放或散放。

八、管路与设备施工

(一)沼气输配系统的安装

第一,施工安装前,对所有管道及附件进行质量和气密性检验。气密试验的方法是:将要检验的管道或附件充气至10千帕,然后放入水中,不冒气泡为合适。

第二,管路布置要求尽量做到:沼气池与灶具距离不超过25米,室内管路设计要合理,安装要横平、竖直(图4-45),尽量缩短输气距离,保证灶前压力,提高供气质量。所有管道的接头要连接牢固和严密，防止松动和漏气。

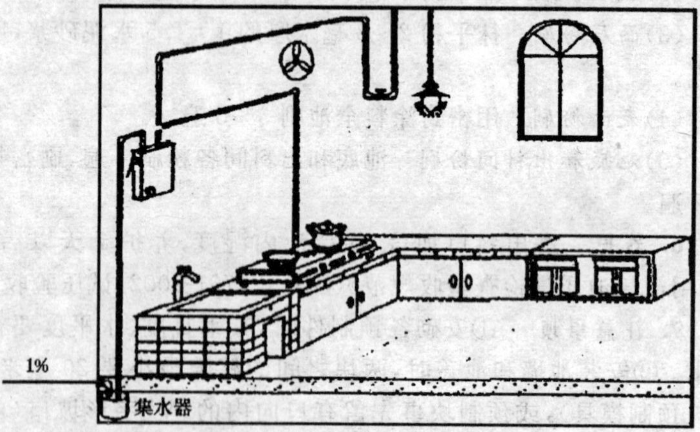

图 4-45 沼气输配系统的布局

第三，室外管道埋地铺设，南方地区埋置深度应在 300 毫米以下，北方地区室外管应采取防冻措施。埋地管道承载地段应外加硬质套管(铁管、竹管等)保护，以免压扁，影响输气。

第四，管道以 1%左右的坡度坡向最低点，并在管道最低洼处安装集水器。管道拐弯处，应接上 90°弯头。

第五，一个沼气用具只需安装 1 个开关，总管可再设 1 个开关，其余不必要的附件不应安装，以便减少压力损失。

第六，灶台长度大于 1 米，宽度大于 50 厘米，高度 65 厘米左右，沼气调控净化器横向偏离灶台 50 厘米，距离地面 150～170 厘米，沼气灯距离顶棚高度以 75 厘米为宜，距室内地面为 2 米以上，距电线、烟囱要超过 1 米(图 4-46)。

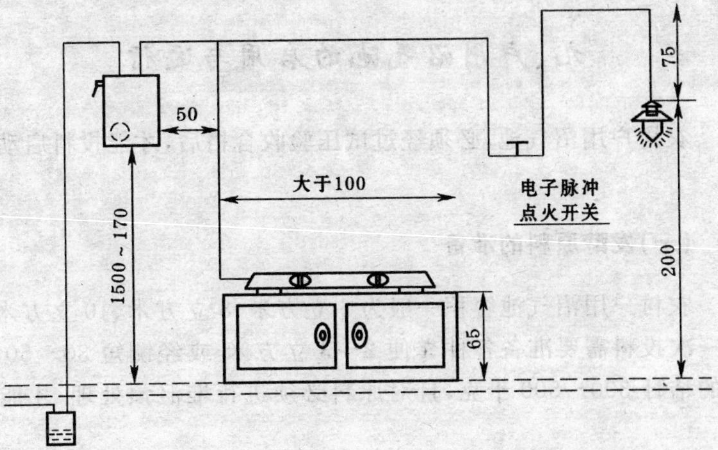

图 4-46　沼气输配系统安装要求　(单位:厘米)

(二) 沼气输配系统的检验

1. 外观检查　根据前述几方面的要求,对照施工图,进行外观检查。主要检查:①管道是否符合近、直原则;拐弯处有无弯头;连接头有无松动和脱开。②架空高度是否合格;埋地时,是否加套管或设沟槽;埋设深度是否符合要求。③管道有无坡度,是否坡向池里或最低处。④有无安装不必要的管道附件。

2. 气密性检验　池体检验合格后,将管道从导气管上拔下来,用开关关闭,再从灶具端的管道用力向管内吹气,使压力表水柱上升到 800 毫米以上时,立即关闭开关,在 4 小时内压力下降不大于 10 毫米水柱为合格。如果管道过长或分支多又不易达到合格时,可在分支处加装开关,分段进行检测,最后进行系统检验。检查漏气部位时,可用肥皂水涂抹或用水浸泡,找出漏气的地方进行修理后重新检验,直至合格为止。

九、户用沼气池的启用与运行

农村户用沼气池，必须经过试压验收合格后，才能投料启动使用。

(一)发酵原料的准备

农村户用沼气池容积一般为 6 立方米、8 立方米、10 立方米，第一次投料需要准备各种粪便 2～3 立方米 或经铡短 30～50 毫米的秸秆 300～500 千克，且对原料必须进行堆沤预处理，才能入池。

(二)装　料

将预处理好的原料加水，使其干物质浓度达到：夏、秋季的 6%，春、冬季的 10%(粪：水＝1：3)入池。以粪便作原料夏、秋季启动可不加菌种，其他季节和其他原料启动时必须加 10%～30%的接种物，接种物可以是沼液或污泥。

装料量为池容的 80%～85%，即液面达到池墙与池拱的交界处。不能太满，要留气室。

封盖启动发酵，在 3～5 天内放掉 2～3 次杂气后便可以点火用气。

(三)日常管理

1. 三结合沼气池　猪圈、厕所与沼气池连通。每天 2～3 头猪的粪便和厕所粪便及时冲入沼气池，1 周内必须从水压间取出 3～5 担(1 担＝50 千克)沼渣用作种植业肥料。

2. 半连续加料　没有养猪的沼气用户，必须 15 天左右从专业养殖户推一翻斗车粪(150～200 千克)加入沼气池，若粪便是新鲜的，还应该堆熟 3～5 天后再加入。

3. 搅拌　安装有强回流手动泵装置的，应该经常进行强回流搅拌，可以提高产气率。

思考题

1. 农村户用沼气池常见池型有哪些？
2. 建造常规沼气池需要哪些材料？
3. 水压式沼气池是怎样工作的？
4. 修建沼气池有哪些过程？
5. 沼气池应该建在什么位置？

第五章　沼气池及其设备的故障排除

一、沼气池的故障排除

第一，投料后不产气或产气很少，出现问题的原因及解决办法如下：一是没试压，沼气池漏水、漏气，一旦出现这种情况，要把投入的料液全掏出来，洗净池壁，重新进行试压堵漏。二是输气管道、开关等处有漏气的地方。可用肥皂水检查、排除。三是投料时接种物（沼气菌）投入太少，产生的可燃物太少。应多加一些接种物。四是投料时环境温度太低，使产甲烷细菌停止活动。解决办法就是采取塑料覆盖增温。所以，冬、春季气温低时不宜新池启动。五是投料过多，酸大量积累，导致料液酸化，影响沼气菌的活力。解决办法是加石灰 10～15 千克对水或加草木灰 5～10 千克，对水搅拌池液，把 pH 调到 6.5 以上，过几天就可以产气。六是原料中有毒性物质。养猪场经常给猪场消毒，猪粪里消毒液过多，抑制了甲烷菌的活动，所以在买猪粪前要问一下，如果猪场刚消完毒，这些猪粪最好放一段时间再用。

第二，投料后初期产气很好，几个月后产气明显下降，同时进、出料口冒气泡。这是因池内发酵原料已经结壳，沼气很难进入气箱，而从进、出料口冒出去。是由于原料切碎不够细，未进行预处理以及搅拌时间太少造成的。

解决办法：用木棒搅拌破壳；经常用强回流装置搅拌；原料切碎至 5 厘米以下，发酵才充分。

第三，投料后初期产气很好，几个月后产气明显下降，进、出料口没有鼓气泡。

这是因为产气的高峰已过，原料已经快用尽，所以要经常添料，达到均衡产气。

第四，沼气池短期内产气明显下降或不产气。其原因如下：一是开关或管路接头处松动漏气，或是管道开裂，或是管道被老鼠咬破，或冬季输气管内结冰堵塞。二是天窗盖被冲开。三是沼气池胀裂，漏水漏气。四是用气后忘记关气阀或关得不严。五是池内加入了农药等有毒物质，抑制或杀死了沼气细菌。

第五，以前沼气池产气很好，但大出料后重新装料产气不好。主要是出料后没有及时进料，引起池内壁特别是气箱干裂，或因为内外压力失去平衡而导致池子破裂造成漏水漏气，或出料前就已破裂，被沉渣糊住而不漏，出料后便漏起来了。处理办法是：修补好破损处；进料前应将池顶洗净擦干，刷水泥浆2～3遍，凡大出料以后，要及时进料，以防池子干裂并保持池内外压力平衡。在地下水位高的地方，雨季不要大换料。

第六，开始压力表上升快，后来上升越来越慢，到一定压力高度就不再上升了。其原因如下：一是气箱或输气系统慢跑气，漏气量与压力成正比，压力越高漏气越多。压力低，产气大于漏气，当压力上升到一定高度，产气与漏气相平衡，就不再上升了。二是进料管或出料间有漏孔时，当池内压力升高，进、出料间液面上升到漏水孔位置，粪水渗漏出池外，使压力不能升高。三是池墙上部有漏气孔，粪水淹没时不漏气，当沼气把粪水压下去时，便漏气了。四是粪水淹没进料管下口和出料间拱门上沿太少，当沼气把粪水压至下口上沿时，水封不住沼气，所产的沼气便从进、出料口冒出。五是水压间起始液面过高，当池内产气达到一定压力时，料液超出水压间而外溢。

处理方法：一是检查沼气池及进出料间和输气系统是否漏气或漏水，找到漏处进行修整；二是如发酵料液不够，从进料口加料、加水；三是定期出料，始终保持液面不超高。

第七，压力上升很慢。原因一是池子漏气，二是产气少。为了弄清是漏气还是产气少，可用正负压法测定。

如第一天 24 小时内压力表由 0 上升到 10，从导气管处将输气管拔出，把沼气全部放完，在导气管处装压力表。从水压间内取出若干担粪水，使沼气池内变成负压。如果池子有漏洞，池内沼气不会漏出来，只会把池外的空气吸进去。再过 24 小时，把取出的粪水如数倒入水压间内，观察压力表上升高度，如果与第一次水柱高度相同，说明不漏气而是产气慢；如果比第一次高了许多，说明池子漏气。

同时对输气系统也应进行试压检查是否漏气。如系统漏气，应检查出漏处，进行修理。如属产气慢，一是发酵原料不足，浓度太低，产气少；或虽原料多，但很不新鲜，营养元素已经消化完了，使沼气细菌得不到充足的营养条件。二是池内的阻抑物浓度超过了微生物所能忍受的极限，使沼气细菌不能正常繁殖，这就要补充新鲜发酵原料或者要大换料。三是原料搭配不合理，粪料太少。四是料液发酵温度太低。

第八，压力表压力很高，但气不够用。这是发酵料液过多，气箱容积太小，或是水压间容积小，或形体小而深所以压力虽高，但贮气量却少。压力表上高低只是标明沼气池内液面与水压间液面之高差，不说明产气多少。要求平时做到勤进料、勤出料，进出料不能过多或过少。如农作物或蔬菜不需要用肥料，就要将料出到贮粪池内，雨季不要让雨水流入进料口。要按设计要求修建水压间。

第九，压力表压力虽然很高，但一经使用就急剧下降，关上开关，压力表水柱又回到原处 。原因是：导气管堵塞；或输气管（软管）转弯处扭折，管壁受压而贴在一起，使沼气难以导出或流通不畅；或沼气池与灶具相距太远，所安装的管道内径小；或开关等管件内径小，使沼气沿程损失增大。只要疏通导气管或整理管道扭曲压瘪的地方，或加大输入管和管件的内孔径即可。

第十，开关打开，压力表上下波动。这是输气管内有凝结水产生的。先查看集水器是否位于管道最低处，再看集水器内是否水已装满。排除方法：放掉管内凝结水，并在输气管最低处安装集水器。

第十一，已经检验合格的沼气池在使用中出现病态。这是因为沼气池投料后，在沼气发酵的初期，其发酵料液呈酸性状态，而水泥是碱性的，酸与碱必然发生中和反应，致使水泥砂浆密封层产生腐蚀。另外，沼气池的气室部位，由于沼气中含有硫化氢，也要对气室内壁水泥砂浆抹灰层发生腐蚀。另一方面，由于没有按施工标准施工，或建池时地下水位过高，土质荷载强度小，所建沼气池产生过大沉降或显著不均沉降，引起构造裂缝造成沼气池漏水漏气。由于以上原因，沼气池在使用过程中，难免出现病态，应及时找到漏点进行维修。

第十二，沼气池漏气快，但漏气部位不明显。可将进、出料管下口上沿以上的池墙和拱顶先刷干净并抹干，用素水泥浆排刷 1 遍，然后用 1∶1.5 的水泥砂浆重新抹 1 次，厚度约 3 毫米，做到压实、磨光、无砂眼，等干后再用素水泥排刷 2～3 次，或用密封剂刷 2 遍，可消除故障。

第十三，沼气池不论投料还是没投料都不准敞口时间太长。这主要是防止气箱风干出现龟裂而漏气。另外，沼气池敞着口也不安全。

此外，下列物质不能投入沼气池：电石，各种剧毒农药，有机杀菌剂，抗生素，刚喷洒了农药的作物茎叶，刚消过毒的禽畜粪便；能作土农药的各种植物，如大蒜、桃树叶、百部、皮皂子嫩果、马钱子果等；重金属化合物、盐类，如电镀废水等都不能进入沼气池，以防沼气细菌中毒而停止产气。如发生这种情况，应将池内发酵料液全部清除再重新装入新料。

禁止把骨粉和磷矿粉等含磷物质加入沼气池，以防产生剧毒的磷化氢气体，给人以后入池带来危险。

加入的青杂草过多时，应同时加入部分草木灰或石灰水和接种物，防止产酸过多，使 pH 下降到 6.5 以下而发生酸中毒，导致甲烷含量减少甚至停止产气。

防止碱中毒。发生这种现象主要是人为地加入碱性物质过多，如石灰，使料液 pH 超过 8.5 时发生的中毒现象，有时也伴随铵态氮的增加，碱中毒现象与酸中毒相同。

防止氨中毒。主要是加入含氨量高的人、畜粪过多，发酵料浓度过大，接种物少，使铵态氮浓度过高引起的中毒现象，其现象与碱中毒的现象相同，均表现出强烈的抑制作用。

二、沼气用具常见故障排除

(一)常见故障判断与处理方法

1. 沼气灶常见故障的判断与处理

(1)火焰大小不均或波动

①故障原因：这种故障主要是因为燃烧器放偏、喷嘴没有对中或者火孔被堵，在输气管道或灶具中积有冷凝水。

②故障的处理：清除喷嘴中的障碍物；修整燃烧器；排除输气管道和灶具中的积水。

(2)火焰脱离燃烧器

①故障原因：喷嘴被堵；沼气灶前压力太高；一次空气过多；沼气热值较小，即甲烷含量低。

②故障的处理：清除喷嘴中的障碍物；参考前面所述沼气灶注意事项部分，控制灶前压力；除了沼气池刚启动时甲烷含量低的情况外，参考前面所述沼气池的管理部分，注意沼气池的日常管理

和及时处理病态池，提高沼气中甲烷的含量。

(3)火焰长而弱，东飘西荡

①故障原因：供应的沼气太多，空气不足，特别是一次空气不足，使沼气燃烧不完全。

②故障的处理：关小灶前沼气开关，控制适当的灶前沼气压力；开大调风板，增加一次空气量；转动喷嘴至产生短而有力的浅蓝色火焰。

(4)灶的外圈火焰脱火

①故障原因：灶具使用一段时间后，燃烧器上的火孔被堵塞，火孔面积减少，造成一次空气引射不足。

②故障的处理：取下火盖轻振，或者用细铁丝穿通被堵塞的火孔；当不能恢复原状时，应更换新火盖。

(5)灶具安放在灶膛内，火焰从炉口窜出

①故障原因：炉口过小，空气供给不足，排烟不畅。

②故障的处理：加大炉口，用适当尺寸的锅，使锅与灶膛锅圈有一定的间隙，使烟气能够排出。

(6)火焰摆动，有红黄闪光或黑烟，甚至有臭味

①故障原因：一次空气供给不足；燃烧器堵塞；二次空气不足。

②故障的处理，加大喷嘴和燃烧器的距离；清除燃烧器上的阻碍物。

(7)火焰过猛，燃烧声音太大

①故障原因：一次空气过多；灶前沼气压力太大。

②故障的处理：关小调风板；控制灶前开关，调节灶前压力。

(8)点不着火

①故障原因：输气管被堵塞或折扁。

②故障的处理：理顺输气管或清除管道内的杂物。

(9)开关上的栓转不动,开度不够

①故障原因:栓帽压得太低;缺油。

②故障的处理:松动栓帽;加润滑油。

(10)回 火

①故障原因:一次空气量过多;烹饪器具与火盖距离过小,造成燃烧器过热;火盖杂质过多,使气流不通。

②故障的处理:关小调风板,至火焰呈蓝色、短而有力;提高烹饪器具的高度,达到正常燃烧;清理火盖上的杂质,清通火孔。

(11)电子脉冲灶的电池盒或导线被烧坏

①故障原因:夏季时,沼气灶前压力太大,远超过灶具燃烧气压,灶具燃烧的火焰太高;使用中当火焰太高时,未及时调节调风门,混合气中一次空气量偏小。

②故障的处理:调小灶前开关,适当降低使用时的沼气灶前压力至额定工作压力。调节调风门,增大一次空气量,使火焰呈蓝色、短而有力。

(12)电子脉冲灶点着火后,仍发出脉冲打火时"嗤、嗤……"声

①故障原因:点火后,旋钮开关弹簧未回位,导致开关未完全关闭。

②故障的处理:把旋钮开关提起复位。

(13)电子脉冲灶打火不灵或着火率低

①故障原因:点火针被氧化;电路的触点接触不良;电池接触不良。

②故障的处理:用细砂纸打磨点火针,除去氧化层;用细砂纸打磨相关触点,除去氧化层;重新安装电池。

(14)漏气或有异味

①故障原因:输气管破损造成漏气;配件接头松动漏气;燃气阀的大、小燃气管和燃烧器的大、小燃气孔之间的连接不好。

②故障的处理:更换输气管;检查配件接头,更换损坏配件或

紧固接头。

(15)电子脉冲灶停止使用一段时间后，再次使用，点不着火

①故障原因：停止使用前，未取出电池，电池漏液腐蚀了电池盒上的电极。

②故障的处理：更换损坏的电池盒和电池。

(16)旋钮开关失灵

①故障原因：旋钮开关生锈被卡，特别是在停止使用一段时间后，重新使用时易出现。

②故障的处理：拆卸、清洗旋钮开关，加润滑油后重新组装。

2. 沼气灯常见故障的判断与处理

(1)灯光由正常变弱

①故障原因：沼气压力降低，沼气量减少；引射器出气孔堵塞；泥头燃气孔堵塞。

②故障的处理：调大进气开关开启度，增加沼气量；用钢丝或针疏通出气孔；用钢丝或针疏通泥头燃气孔。

(2)灯光忽明忽暗，不稳定

①故障原因：引射器的中心轴线与喷嘴的中心轴线安装后不同心，喷嘴旋入长度过长或引射器螺旋长度过短，喷嘴旋入长度过短或引射器螺旋长度过长；输气管道中有积水，集水器中积水量过多。

②故障的处理：保证引射器的中心轴线安装后必须与喷嘴的中心轴线同心，调整引射器下端在喷嘴进风口中心线上，如果不行则更换引射器和喷嘴；清理输气管道，然后使输气管道的坡度为1%，并且坡向沼气池或集水瓶，使输气管中的积水能够自动流入沼气池或集水器中；排除集水器中的积水。

(3)灯不亮，灯光发红无白光

①故障原因：引射器进气孔径过小或出气孔堵塞，沼气量偏小；沼气量偏大，空气量偏小；最大进风位置时，沼气量仍然偏大，

引射器的进气口孔径过大；最大进风位置时，空气量仍然偏小，调风门与喷嘴相对位置不正确，调风门位置偏高或偏低；纱罩质量不合格或者受潮。

②故障的处理：更换合格引射器或用钢丝疏通引射器出气孔，加大沼气量；调节风量，增加混入的空气量，调至灯光发白，亮度最佳为止；更换合格的引射器；调整喷嘴与调风门的进风中心位置完全重合；更换纱罩。

(4)纱罩外有明火

①故障原因：沼气量过大；沼气量合适，混入的空气量偏小。

②故障的处理：调小进气开关开启度，减少沼气量，调至不见明火、发出白光、亮度最佳为止；增大调风门开启度，增加混入的空气量，调至不见明火、发出白光、亮度最佳为止。

(5)纱罩破裂、脱落、损坏

①故障原因：泥头破碎；沼气压力过高；纱罩安装不当。

②故障的处理：更换泥头；调整沼气灯前压力为额定压力；更换并正确安装纱罩。

(6)玻璃灯罩碎裂

①故障原因：带着玻璃灯罩烧纱罩，使玻璃灯罩受热不均发生碎裂；纱罩带火焰燃烧，造成玻璃灯罩受热不均发生碎裂。

②故障的处理：烧纱罩时，应不安装玻璃灯罩；灯在使用时，不允许有明火，通过上述消除纱罩上的明火的方法调整。

3. 沼气热水器常见故障与处理

(1)点不着火

①故障原因：沼气开关未打开；电池电压不足；水的压力不够，微动开关未接通，导致脉冲点火控制器电源未接通；点火导线和点火针出问题，如点火针尖不干净，点火导线孔与点火针接头的连接松脱；点火针变形，或与燃烧器喷嘴之间的放电间隙不符合要求。

②故障的处理：打开沼气开关；更换电池；水压必须符合要求

才能使用，可以安装高水位的水箱或增压泵；清理干净点火针尖，将点火导线孔与点火针紧密连接；校正点火针，将放电间隙调整到符合要求的位置。

(2)燃烧火焰不稳定或发黄

①故障原因：燃烧不畅，排烟系统及烟道局部堵塞。

②故障的处理：清除堵塞物；报专业人员检修。

(3)燃烧火力不足

①故障原因：水压不稳定，突然降低；停水；停气；火焰探针与连接导线连接松脱，或火焰探针损坏。

②故障的处理：检查水源压力，水压必须符合要求才能使用，可以安装高水位的水箱或增压泵；寻找原因，恢复供水；寻找原因，恢复供气；将火焰探针与连接导线紧密连接，或更换火焰探针。

(4)关闭冷水或热水后，燃烧火焰不熄灭

①故障原因：一是水气阀失灵，水气阀中的薄膜未带动阀杆移动，没有关闭沼气电动阀切断气路。二是燃烧器的沼气进口、大火头喷嘴被堵塞。

②故障的处理：这是非常严重的问题，必须停止使用热水器。如为堵塞，则打开沼气开关；更换电池；清理干净点火针尖，将点火导线与点火针接头处连接紧密；校正点火针，将放电间隙调整到要求的位置；用钢丝或针疏通沼气阀的大、小喷孔；用钢丝或针疏通燃烧器的沼气进口、大火头喷嘴。

4. 气饭煲的常见故障及处理

(1)煮焦饭或生饭

①故障原因：水量不适当；感温表面不干净，接触不良；内锅的凹台面不干净或变形，接触不良；感温表面与内锅的凹台面接触良好，电子脉冲点火燃烧控制装置损坏。

②故障的处理：加入适量的水；清理干净感温表面，保证接触良好；清理干净内锅的凹台面，保证接触良好，如果不行则更换内

锅；请专业人员检修。

(2)燃烧火焰不正常

①故障原因：沼气压力过大或过小；沼气阀的大、小喷孔被堵塞；燃烧器的沼气进口、大火头喷嘴被堵塞。

②故障的处理：暂停使用。调整沼气饭煲前的压力至额定压力；用钢丝或针疏通沼气阀的大、小喷孔；用钢丝或针疏通燃烧器的进口、大火头喷嘴。

(二)日常维护和保养

1. 沼气灶的日常维护和保养 ①保持沼气灶的清洁，从而保证优良的使用性能和长久的使用寿命。②经常清洗支架、承液盘和面板。③经常清扫燃烧器的大、小火头；清理大、小火盖的火焰孔污物，防止油污和杂物堵塞火孔。④清理燃气阀的大、小喷嘴，以及引火头的污物，防止油污和杂物堵塞喷嘴；用细铁丝掏出喷嘴内的杂物，保证沼气畅通和正常使用。⑤检查压电点火总成的点火导线与点火针接头处的连接是否紧固，并保持点火针尖的清洁，保证正常点火。⑥检查电子脉冲点火总成的点火导线与点火针接头处的连接是否紧固，并保持点火针尖的清洁，保证正常点火。⑦检查沼气灶具的进气管与软管连接是否紧固，沼气管是否老化、有无损坏等，避免泄漏沼气。

2. 沼气灯的日常维护和保养 ①保持沼气灯清洁，灯内应无灰尘，防止污物堵塞引射器、喷嘴和泥头喷孔。②经常擦拭灯具上的遮光罩、玻璃灯罩，并保持墙面及天花板的清洁，以减少光的损失，保持灯具原有的发光效率。

3. 沼气饭煲的日常维护和保养 ①经常用水清洗锅罩、内锅、内盖、锅盖等部件。②经常清理感温器表面，除去烧焦的杂质，保持清洁。切勿损伤感温器表面。内锅外底面的凹台面应保持平整、清洁，切勿损伤凹台面，只有感温表面与凹台面的接触良好，才能确保感温性能，从而保证饭煲的正常使用。③使用 1～2 个月后，拆下燃气阀和燃烧器的连接螺钉，用细铜丝疏通燃气阀的大燃气孔、小燃气孔，防止堵塞。④注意检查沼气饭煲进气管与软管处的连接，并保持紧密牢固。⑤经常检查沼气专用软管是否保持通畅，是否老化、破损，出现问题及时处理。

思考题

1. 投料后不产气是什么原因？
2. 压力表压力很高，但气不够用是什么原因？
3. 开关打开，压力表上下波动怎么办？
4. 哪些物质不能投入沼气池中，怎样预防酸、碱中毒？
5. 沼气灶的日常维护和保养内容有哪些？
6. 火焰脱离燃烧器的原因是什么？

第六章　沼气与沼肥综合利用

一、沼气的热能利用

沼气是一种混合气体，其中含有55%～70%的甲烷、40%左右的二氧化碳，还含有少量的一氧化碳、氢、氨、硫化氢、氧和氮等。沼气作为优质气体燃料，除可用于煮饭、点灯外，还可广泛用于发电、孵鸡、育蚕、烘干等生产领域。

（一）沼气炊事

农村家用沼气池所产生的沼气主要用于煮饭和点灯。要使沼气充分燃烧，满足生活用能要求，必须学会正确使用沼气灶具。

1. 电子点火沼气灶　将沼气灶接通气源，检查各接头是否漏气。使用时，先把开关向里压，然后逆时针转动，听到“咔嚓”一声点火声，灶具已点着火，当开关旋钮转到90°时，燃烧器的火焰处于最大负荷状态，向左转到180°，火焰处于最小负荷状态。燃烧时发现黄烟、火焰无力等现象，可以调节风门板，当火焰调呈蓝色，直观外焰和内焰火有明显区别，并发出低沉的呼呼声为最佳运行状态。炊事完毕，把气源开关关闭，然后再把灶具开关转到原来位置上。灶具使用后要用软布擦净，保持清洁美观，支锅架和火孔板可取下来清洗，放回时注意密合。

2. 普通沼气灶使用　使用普通沼气灶时，若沼气压力大，阀门要关小；沼气压力小，阀门要开大。不宜超压运行，这样火太大跑出锅外，浪费热能。正常工作时，风门要开足，除脱火、回火或个别情况需要暂时关小一下风门外，其余时间应开足风门，否则，燃烧不完全,火焰温度低,既浪费气体,又增加烟气中一氧化碳含量,污染环境。特别是新购置的灶具,必须经过试烧后,再固定喷嘴位置。当沼气灶具放在灶膛内使用时,沼气灶应做成保温灶,锅底至火孔的距离约为15毫米,过高或过低都将影响热能的利用。沼气灶使用一段时间以后,头部火孔应清洗,使其保持原火孔的大小;否则,将影响空气的供给。

(二)沼气照明

沼气灯具是把沼气的化学能转变为光能的一种燃烧装置,是广大农村沼气用户重要的沼气用具。特别是在偏僻山区和边远无电力供应的地区,用沼气进行照明,其优越性尤为显著。

新灯使用前,应不安纱罩进行试烧,如火苗呈淡蓝色,短而有力,均匀地从泥头孔中喷出,呼呼发响,火焰不离泥头燃烧,无脱火、回火等现象,表明灯的性能好,即可关闭沼气阀门,待泥头冷却后安上纱罩。

新纱罩初次点燃时,要求有较高的沼气压力,以便有足够的气量将纱罩烧成球形。已燃烧好的纱罩,点灯时,开关从小慢慢开大,使压力徐徐上升,以免冲破纱罩。

点灯时应先点火后开气,待压力升至一定高度、燃烧稳定、亮度正常后,为节约沼气,可调节开关,稍降压力,其亮度仍可不变。灯若久燃还不亮,可反复调整一次空气,用嘴吹纱罩,可使燃烧正常、灯光发白。

二、沼肥在种植和养殖中的应用

(一)沼液浸种

沼液中除含有肥料三要素(氮、磷、钾)外,还含有种子萌发和发育所需的多种养分和微量元素，且大多数呈速效状态。同时，微生物在分解发酵原料时分泌出的多种活性物质，具有催芽和刺激生长的作用。因此，在浸种期间，钾离子、铵离子、磷酸根离子等都能因渗透和对种子的生理特性起作用，不同程度地被种子吸收，而这些离子在幼苗生长过程中，可增强酶的活性，加速养分运转和新陈代谢过程。因此，幼苗“胎里壮”，抗病、抗虫、抗逆能力强，为高产奠定了基础。可提高产量5%～10%。

1. 水稻浸种

(1)晒种　选用上年生产的高纯度和高发芽率的新水稻种子，浸种前晒种1～2天提高种子的吸水性能，并杀灭部分病菌。

(2)浸种　首先用浸种袋(如化肥袋、尼龙编织袋等)将稻种装好，每袋装15～20千克，扎紧袋口，投入已正常使用40天的沼气池水压间内浸泡，常规稻种以一次性浸种为主，24小时左右为宜；杂交稻采取间歇式浸种，即在沼液中浸泡8～10小时后，提出来晾6小时，三浸三晾，直至种子吸足水分。

(3)清洗　捞出浸种袋，用清水漂洗2～3天，晾干，方可催芽。沼液浸种会改变有些种壳的颜色，但不会影响发芽。

2. 小麦浸种

(1)种子的处理　在浸种前要选择晴天将麦种晒2～3天，提高种子的吸水性能。

(2)沼液的选择　选用发酵时间长且腐熟较好并与猪圈、厕所结合正常使用的沼气池发酵液。于浸种前几天打开水压间盖，在空气中暴露数日，并搅动数次，使少量硫化氢气体逸散，还要将水压间内水面上的浮渣清除。

(3)浸种时间　小麦浸种时间依据当地正常播种时间，在播种前1天进行浸种。浸泡时间要根据水温而定，一般17℃～20℃浸6～8小时。

(4)浸种操作　将要浸泡的麦种装入透水性好的塑料编织袋。

每袋种子量占袋容的2/3。将袋子放入水压间沼液中，并拽一下袋子的底部，使种子均匀松散于袋内，以沼液浸没种子为宜。

(5)播种 麦种浸6～8小时后，取出种子袋，用清水洗净，并使袋里的水漏去，然后把种子摊在席子上，待种子表面水分晾干后即可播种。如果要催芽的，即可进行催芽播种。

3. 玉米浸种 先将玉米种子晒1～2天，去杂、去秕粒后，用发酵好的沼液浸种。将要浸的玉米种装在塑料编织袋内，不可装得太满，然后放入沼液中，浸12小时。取出用清水冲洗一下，晾干即可。

4. 棉花浸种 用沼液原液浸棉种24小时后，将棉种用清水漂洗1～2次，晾干后即可播种。

(二)沼液防治植物病虫害

沼气发酵原料经过沼气池的厌氧发酵，不仅含有极其丰富的植物所需的多种营养元素和大量的微生物代谢产物，而且含有抑菌和提高植物抗逆性的激素、抗菌素等有益物质，可用于防治植物病虫害和提高植物抗逆性。

1. 沼液防治植物虫害

(1) 沼液防治农作物蚜虫 用沼液喷施小麦、豆类、蔬菜、棉花、果树等，可防治蚜虫侵害。施用方法如下：用沼液14升，洗衣粉溶液0.5升(溶液按洗衣粉和清水0.1∶1比例配制)，配制成沼液复方治虫剂，用喷雾器喷施。每667平方米一次喷施35升，第二天再喷施1次。喷施时间最好选择晴天的上午进行。

生产实践表明，用产气好的沼液防治蔬菜和果树蚜虫、菜青虫，喷施1次，防治率为70%左右，喷施2次可达96%以上。

(2)沼液防治玉米螟幼虫 玉米螟幼虫是春玉米、夏玉米的主要虫害。常规是用药液浇洒于玉米心叶防治。用农药与沼液混合浇玉米心叶，可取得防虫、施肥双重效果。具体做法是：在螟虫孵化盛期，用沼液50升，加2.5%敌杀死乳油10毫升配成药液。使用时将喷雾器喷头朝下浇心叶施药。施药6天和11天后观察，用加入敌杀死药的沼液与单独用药液防治效果完全相同，没有出现玉米螟幼虫危害。此外，还发现用沼液浸种、浇心叶后的玉米，叶色稍深，显得上冲。

(3)*沼液防治果树红蜘蛛* 在苹果、柑橘等果树生长期间，用沼液原液或添加少量农药喷施果树，可防治果树蚜虫、红蜘蛛、黄蜘蛛和螨、蚧等病虫害；用沼液涂刷病树体，可防治苹果树腐烂病；沼液灌根，可防治根腐病、黄叶病、小叶病等生理性病害。沼液原液喷施果树，对红蜘蛛成虫杀灭率为91.5%，虫卵杀灭率为86%，黄蜘蛛杀灭率为56.5%；沼液加1/3水稀释，红蜘蛛成虫杀灭率为82%，虫卵杀灭率为84%，黄蜘蛛为25.3%，所以沼液浓度越高，杀虫效果越好。用沼液喷施果树时，加入甲氰菊酯1 000～3 000倍液，杀虫杀卵效果非常显著，成虫和虫卵杀灭率可达100%，而且药效期可持续30天以上。

在整个果树生长期内均可喷施沼液。喷施时间根据气温高低决定，气温高于25℃时，宜在下午5时后喷施，气温低于25℃以下时，可在露水干后全天喷施。使用前应先将沼液从正常产气使用2个月以上的沼气池水压间内取出，用纱布过滤，存放2小时左右，然后再用喷雾器喷施。喷施时重点喷在叶片的背面，因为叶子表面胶质层较厚，喷施后不易被吸收利用。

在喷施沼液时，根据树冠大小和树体营养状况，补充有益元素和养分效果更好。对于结果多、树势弱的果树，因树体养分不足，可在沼液中加入0.1%尿素。对幼龄树和结果少、长势弱的树，应在沼液中加入0.2%～0.5%磷、钾肥，以利于花芽的形成。

2. 沼液及其用沼液制备的生化剂防治作物的土传病、根腐病和赤霉病

(1)*沼液防治大麦黄花叶病* 大麦黄花叶病是一种蔓延于长

江流域秋播地区的病害。它是由土壤禾谷类多黏菌侵袭大麦根系导致病毒侵入植株而引起的病害，病株开春后呈现萎缩、叶片黄花等症状，不能正常抽穗、结实，严重时颗粒无收。用沼液浸泡大麦种子，可以明显减轻这种病害，且病害随沼液浓度的增加而减少。用上海市农业科学院土壤肥料研究所研制的 AFP（沼液＋少量生化剂）和 AFS（沼液浸种后用沼液泥包粒）处理大麦种，黄花叶病发病率减少 50%～90%，增产 20%～50%。此外，沼液对大麦叶锈病也有较好的防治作用。

(2)*沼液防治西瓜枯萎病* 西瓜枯萎病是一种顽固性土壤传播的真菌，分布广，传播快，地表至 60 厘米深度土壤中均带有病原菌，单纯用药剂防治很难见效，是西瓜生产的大敌。北京市大兴区能源办在西瓜生产中，每 667 平方米施沼渣 2 000～2 500 千克作基肥，用产气 40 天以上的沼液浸种 8 小时后，在催芽棚中育苗移栽，并在生长期叶面喷施沼液 3～4 次，基本上可控制重茬西瓜地枯萎病大面积发生。即使有个别发病株，及时用沼液原液灌根，也能杀灭病原菌，救活病株。在西瓜膨大期，结合叶面喷施沼液，用沼渣进行追肥，不但枯萎病得到控制，而且获得较高的产量，西瓜品质也有所提高。

(3)*沼液防治小麦赤霉病* 赤霉病是小麦生产中的主要病害之一，其发病率高，流行面大。陕西省土壤肥料研究所进行了沼液防治小麦赤霉病的试验，结果证明：正常发酵产气的沼气池的沼液对小麦赤霉病有明显的防治效果，其作用和生产上所用的多菌灵效果相当；使用沼液原液喷施效果最佳，使用量以每 667 平方米喷 50 升以上效果最好，盛花期喷 1 次，隔 3～5 天再喷 1 次，防治率可达 81.53%。

此外，沼液对棉花的枯萎病和炭疽病菌、马铃薯枯萎病、小麦根腐病、水稻小球菌核病和纹枯病、玉米的大小斑病菌以及果树根腐病菌也有较强的抑制和灭杀作用。

3. 沼液提高植物抗逆性 试验证实，用沼液原液或50％沼液进行水稻浸种，可增强低温胁迫下秧苗素质和秧苗存活率，减轻低温胁迫对原生质的伤害，保持细胞完整性，提高根系活力，从而增强秧苗抗御低温的能力。用沼液对果树灌根，对及时抢救受冻害或其他灾害引起的树势衰弱有明显效果，用沼液长期喷施果树叶片，可防治小叶病和黄叶病，使叶片肥大，色泽浓绿，增强光合作用，有利于花芽的形成和分化。花期喷施能提高坐果率；果实生长期喷施，可使果实肥大，提高产量和水果品质。

在干旱时期，对作物和果树喷施沼液，可引起植物叶片气孔关闭，从而起到抗旱的作用。

(三)沼肥养鱼

沼肥作为淡水养殖的饵料，不仅营养丰富，加快鱼池浮游生物繁殖，耗氧量减少，水质改善，而且常用沼液，水面能保持茶褐色，易吸收光热，提高水温，加之沼液的 pH 为中性偏碱，能使鱼池保持中性，这些有利因素能促进鱼类更好生长。所以，沼肥是一种很好的养鱼营养饵料。

1. 投肥方法

(1)鱼苗塘 鱼苗下塘前，要下基肥培肥水质，以繁殖浮游生物作为天然饵料。一般在鱼苗下塘前 3～4 天施用沼气肥，每 667 平方米用量 200～300 千克，均匀泼洒。

(2)成鱼塘 作为基肥，在清塘后投放鱼种前，每 667 平方米水面施入沼肥 200～300 千克，一般不宜超过 300 千克，施肥后灌水至 50～80 厘米深，待水色变绿后便可放养鱼种。

作为追肥，其原则是少施、勤施，看天、看水、看鱼施肥，根据季节、水温、水色等因素决定施肥的时间和数量。沼气发酵残留物作追肥施用时，用量应比基肥适当减少。在施用过程中，可根据水色透明度的变化来调整施用量和次数。一般来说，春季水色透明度不低于 20 厘米；盛夏和初秋，水色透明度应控制在 25 厘米以下；秋末，则水色透明度以 25 厘米为宜。施用时间均应选择在晴天的中午进行。一般在 6 月中旬、7 月上旬、7 月下旬和 8 月中旬分 4 次追施。每次每 667 平方米施用量为 300 千克、375 千克、400 千克，选择在晴天的中午进行泼洒。

2. 成鱼养殖　从鱼种养到成鱼的过程，称为成鱼养殖。利用池塘养鱼，以 0.27～0.67 公顷的水面面积，水深以 2～3 米的池塘为宜，最浅不少于 1.5 米。池塘必须不漏，能保水，塘底要平，能排能灌，旱涝保收。池塘南面不宜栽高大树木，以免遮蔽阳光，影响浮游生物繁殖。

(1)养殖种类　宜放养滤食性鱼类，以鲢鱼、鳙鱼、白鲫为主，适当搭配罗非鱼(即非洲鲫鱼)、鲤鱼、鲫鱼等杂食性鱼类，少量放养草鱼、鲂鱼等鱼类。主体鱼放养量不应少于总放养量的 60%。

(2)鱼种规格　利用沼肥养鱼，鱼病少，成活率高，对鱼种规格要求不严。但为了达到生长快、产量高、缩短养鱼周期的目的，鱼种规格还是越大越好。一般要求当年养到商品规格的，放养鱼种的体长应在 14 厘米以上。

(3)放养密度　合理密养是提高成鱼产量的重要措施，其要求是充分发挥池塘的生产能力，提高单位面积产量，放养鱼种规格大，使之充分达到养殖密度科学合理，提高产量、增加商品率的目的。在同样的成本投入条件下，获得更大的经济效益。具体方法为：放养密度应根据水源、排灌条件、池塘深浅、鱼种大小、养殖周期等确定，同时应根据历年养殖情况进行调整。如果第一年每 667 平方米水面放养 600 尾，鱼的个体、肥满度好，第二年可增加到 700 尾，反之应减少到 500 尾。

(4)放养鱼种的时间　放养鱼种的时间，一般在春季或秋季。春放一般在 3 月中旬至 4 月底，最迟应在 5 月上旬结束。有越冬条件的池塘，以秋放为好，一般在 8 月份以后至封冻前进行。

3. 沼肥养鱼的效应

(1)提高鲜鱼的产量　鱼池使用沼肥后，改善了鱼池的营养条件，促进了浮游生物的繁殖和生长。因此，提高了鲜鱼产量。据南京市水产研究所用鲜猪粪与沼肥作淡水鱼类饵料进行对比试验，结果后者比前者增产鲜鱼 19%～38%。

(2)改善鲜鱼的品质　施用沼肥的鱼池，水中溶解氧增加 10%～15%，改善了鱼池的生态环境。因此，不但使各类鱼体的蛋白质含量明显增加，而且对影响蛋白质质量的氨基酸组成也有明显的改善，并使农药残留量呈明显的下降趋势。所以，营养价值高，食用更加安全可靠。

(3)减少鱼病的发生　沼肥经腐熟和发酵，消除了其中的虫卵和病菌。因此，减少了鱼病的发生，烂鳃、赤皮、肠炎、白嘴等鱼类常见病和多发病得到了有效的控制。

思考题

1. 如何使用沼气灯？
2. 沼液中为什么含有丰富的营养物质？
3. 如何进行沼液浸种？
4. 如何利用沼液防治西瓜枯萎病？
5. 如何利用沼肥养鱼？

参考文献

[1] 邱凌．沼气生产工．北京:中国农业出版社,2004

[2] 周孟津．沼气生产利用技术．北京:中国农业大学出版社,1999

[3] 周孟津,张榕林,蔺金印．沼气实用技术．北京:化学工业出版社,2004

[4] 邱凌．农村沼气工程理论与实践．西安:世界图书出版公司,1998

[5] 王革华．农村能源基础知识．北京:中国农业大学出版社,1999

[6] 顾树华,张希良,王革华．能源利用与农业可持续发展．北京出版社,2001

[7] 邱凌．农家沼气综合利用技术．西安:西北大学出版社,1997

[8] 张无敌,宋洪川,尹芳．沼气发酵残留物综合利用技术．昆明:云南科技出版社,2003

[9] 张无敌．沼气发酵残留物利用基础．昆明:云南科技出版社,2002

[10] 姚永福,徐洁泉．中国沼气技术．北京:中国农业出版社;1989

[11] 刘英．农村沼气实用新技术．成都:农业部沼气科学研究所,2002

[12] 胡海良,卢家翔．南方沼气池综合利用新技术．南宁:广西科技出版社,1998

[13] 张百良．农村能源工程学．北京:中国农业出版社,

1999

[14] 中华人民共和国国家标准 . GB/T 4750-2002 户用沼气池标准图集 . 北京:中国标准出版社,2002

[15] 中华人民共和国国家标准 . GB/T 4751-2002 户用沼气池质量检查验收规范 . 北京 . 中国标准出版社,2002

[16] 中华人民共和国国家标准 . GB/T 4752-2002 户用沼气池施工操作规程 . 北京:中国标准出版社,2002

[17] 中华人民共和国国家标准 . GB/T 4752-2002 户用沼气池施工操作规程 . 北京:中国标准出版社,2002

[18] 中华人民共和国国家标准 . GB 9958-88 农村家用沼气发酵工艺规程 . 北京:中国标准出版社,1988

[19] 中华人民共和国国家标准 . GB 7636-87 农村家用沼气管路设计规程 . 北京:中国标准出版社,1987

[20] 中华人民共和国国家标准 . GB 7637-87 农村家用沼气管路施工安装操作规程 . 北京:中国标准出版社, 1987

[21] 中华人民共和国国家标准 . GB/T 3606-2001 家用沼气灶 . 北京:中国标准出版社,2001

[22] 中华人民共和国农业部行业标准. NY/ T 344-1998 家用沼气灯 . 北京:中国标准出版社,1998

[23] 中华人民共和国农业部行业标准. NY/ T 465-2001 户用农村能源生态工程南方模式设计施工与使用规范 . 北京:中国标准出版社,2001

[24] 中华人民共和国农业部行业标准 . NY/ T 466-2001 户用农村能源生态工程北方模式设计施工与使用规范 . 北京:中国标准出版社,2001

[25] 黄光裕 . 农村沼气实用技术 . 长沙:湖南科技出版社,1992

[26] 李长生 . 农家沼气实用技术 . 北京:金盾出版社,1995

[27] 苑瑞华．沼气生态农业技术．北京:中国农业出版社,2001

[28] 白廷弼．新型家用水压式沼气池．兰州:甘肃科技出版社,1990

[29] 农业部环境能源司．北方农村能源生态模式．北京:中国农业出版社,1995

[30] 白金明．沼气综合利用．北京:中国农业科技出版社,2002

[31] 农业部环境能源司,中国农业出版社编绘．生态家园进农家．北京:中国农业出版社,2001

[32] 农业部环境能源司,中国农业出版社编绘．沼气用户手册．北京:中国农业出版社,2002

[33] 农业部环境能源司,中国农学会．农村沼气技术挂图．北京:中国农业出版社,2003

用工艺 40.00 元
农药科学使用指南（第 4 版） 36.00 元
简明农药使用技术手册 12.00 元
农药剂型与制剂及使用方法 18.00 元
农药识别与施用方法（修订版） 10.00 元
生物农药及使用技术 6.50 元
农药使用技术手册 49.00 元
教你用好杀虫剂 7.00 元
合理使用杀菌剂 8.00 元
莱田农药安全合理使用 150 题 8.00 元
无公害果蔬农药选择与使用教材 7.00 元
果园农药使用指南 21.00 元
无公害果园农药使用指南 14.00 元
农田杂草识别与防除原色图谱 32.00 元
农田化学除草新技术 11.00 元
除草剂安全使用与药害诊断原色图谱 22.00 元
除草剂应用与销售技术服务指南 39.00 元
植物生长调节剂应用手册 8.00 元
植物生长调节剂在粮油生产中的应用 7.00 元
植物生长调节剂在蔬菜生产中的应用 9.00 元
植物生长调节剂在花卉生产中的应用 5.50 元
植物生长调节剂在林果生产中的应用 10.00 元
植物生长调节剂与施用方法 7.00 元
植物生长调节剂应用手册(第 2 版) 10.00 元
肥料使用技术手册 45.00 元
化肥科学使用指南(第二次修订版) 38.00 元
科学施肥(第二次修订版) 10.00 元
简明施肥技术手册 11.00 元
实用施肥技术(第 2 版) 7.00 元
肥料施用 100 问 6.00 元
施肥养地与农业生产 100 题 5.00 元
配方施肥与叶面施肥（修订版） 6.00 元
作物施肥技术与缺素症矫治 9.00 元
测土配方与作物配方施肥技术 16.50 元
怎样检验和识别农作物种子的质量 5.00 元
农作物良种选用 200 问 15.00 元
北方旱地粮食作物优良品种及其使用 10.00 元
粮食与种子贮藏技术 10.00 元
水稻良种引种指导 22.00 元
杂交水稻制种技术 14.00 元
水稻良种高产高效栽培 13.00 元
现代中国水稻 80.00 元

北方水稻旱作栽培技术 6.50元
科学种稻新技术(第2版) 8.00元
提高水稻生产效益100问 6.50元
水稻农艺工培训教材 9.00元
水稻栽培技术 7.50元
水稻旱育宽行增粒栽培技术 5.00元
水稻农艺工培训教材 12.00元
水稻病虫害防治 7.50元
水稻主要病虫害防控关键技术解析 16.00元
水稻病虫害诊断与防治原色图谱 23.00元
水稻病虫害及防治原色图册 17.00元
杂交稻高产高效益栽培 6.00元
双季杂交稻高产栽培技术 3.00元
超级稻栽培技术 9.00元
超级稻品种配套栽培技术 15.00元
香稻优质高产栽培 9.00元
黑水稻种植与加工利用 7.00元
水稻植保员培训教材 10.00元
玉米甘薯谷子施肥技术 3.50元
玉米杂交制种实用技术问答 7.50元
玉米良种引种指导 11.00元
玉米高产新技术(第二次修订版) 12.00元
玉米农艺工培训教材 10.00元
怎样提高玉米种植效益 10.00元
玉米标准化生产技术 10.00元
玉米超常早播及高产多收种植模式 6.00元
玉米科学施肥技术 8.00元
玉米特强粉生产加工技术 5.50元
甜糯玉米栽培与加工 11.00元
黑玉米种植与加工利用 6.00元
特种玉米优良品种与栽培技术 7.00元
特种玉米加工技术 10.00元
玉米高粱谷子病虫害诊断与防治原色图谱 21.00元
青贮专用玉米高产栽培与青贮技术 6.00元
玉米病虫害及防治原色图册 17.00元
玉米植保员培训教材 9.00元
玉米螟综合防治技术 5.00元
玉米大斑病小斑病及其防治 10.00元
玉米病害诊断与防治(第2版) 12.00元

以上图书由全国各地新华书店经销。凡向本社邮购图书或音像制品，可通过邮局汇款，在汇单“附言”栏填写所购书目，邮购图书均可享受9折优惠。购书30元(按打折后实款计算)以上的免收邮挂费，购书不足30元的按邮局资费标准收取3元挂号费，邮寄费由我社承担。邮购地址：北京市丰台区晓月中路29号，邮政编码：100072，联系人：金友，电话：(010)83210681、83210682、83219215、83219217(传真)。